"十三五"国家重点图书

数学与人文·第二十五辑

Mathematics & Humanities

百年广义相对论

BAINIAN GUANGYI XIANGDUILUN

主　编　丘成桐　刘克峰　杨　乐　季理真

副主编　刘润球

高等教育出版社·北京

International Press

内容简介

《数学与人文》丛书第二十五辑将继续着力贯彻“让数学成为国人文化的一部分”的宗旨，展示数学丰富多彩的方面。

本辑让读者了解广义相对论的发展和它的科学内涵，同时也为对这个学科感兴趣的年轻学子们提供一本教科书以外的补充读物。除了丘成桐和 Roger Penrose 这两位当代广义相对论研究大家的文章，书中还收录了五篇关于广义相对论的发展和个别领域的文章；在广义相对论文章之后，张双南教授的文章可让读者领会广义相对论在未来天文学的发展中可能扮演的重要角色；最后通过胡大年教授的文章补充一些关于相对论在中国“五四时期”萌芽和起步的历史。

我们期望本丛书能受到广大学生、教师和学者的关注和欢迎，期待读者对办好本丛书提出建议，更希望丛书能成为大家的良师益友。

丛书编委会

《数学与人文》丛书序言

丘成桐

《数学与人文》是一套国际化的数学普及丛书，我们将邀请当代第一流的中外科学家谈他们的研究经历和成功经验。活跃在研究前沿的数学家们将会用轻松的文笔，通俗地介绍数学各领域激动人心的最新进展、某个数学专题精彩曲折的发展历史以及数学在现代科学技术中的广泛应用。

数学是一门很有意义、很美丽、同时也很重要的科学。从实用来讲，数学遍及物理、工程、生物、化学和经济，甚至与社会科学有很密切的关系，数学为这些学科的发展提供了必不可少的工具；同时数学对于解释自然界的纷繁现象也具有基本的重要性；可是数学也兼具诗歌与散文的内在气质，所以数学是一门很特殊的学科。它既有文学性的方面，也有应用性的方面，也可以对于认识大自然做出贡献，我本人对这几方面都很感兴趣，探讨它们之间妙趣横生的关系，让我真正享受到了研究数学的乐趣。

我想不只数学家能够体会到这种美，作为一种基础理论，物理学家和工程师也可以体会到数学的美。用一种很简单的语言解释很繁复、很自然的现象，这是数学享有“科学皇后”地位的重要原因之一。我们在中学念过最简单的平面几何，由几个简单的公理能够推出很复杂的定理，同时每一步的推理又是完全没有错误的，这是一个很美妙的现象。进一步，我们可以用现代微积分甚至更高深的数学方法来描述大自然里面的所有现象。比如，面部表情或者衣服飘动等现象，我们可以用数学来描述；还有密码的问题、计算机的各种各样的问题都可以用数学来解释。以简驭繁，这是一种很美好的感觉，就好像我们能够从朴素的外在表现，得到美的感受。这是与文化艺术共通的语言，不单是数学才有的。一幅张大千或者齐白石的国画，寥寥几笔，栩栩如生的美景便跃然纸上。

很明显，我们国家领导人早已欣赏到数学的美和数学的重要性，在 2000 年，江泽民先生在澳门濠江中学提出一个几何命题：五角星的五角套上五个环后，环环相交的五个点必定共圆，意义深远，海内外的数学家都极为欣赏这个高雅的几何命题，经过媒体的传播后，大大地激励了国人对数学的热情，我希望这套丛书也能够达到同样的效果，让数学成为我们国人文化的一部分，让我们的年轻人在中学念书时就懂得欣赏大自然的真和美。

前 言

刘润球

2015 年是爱因斯坦广义相对论诞生 100 周年。在过去的一个世纪中，广义相对论从一个不为多数物理学家所理解的抽象几何引力理论蜕变成为现代物理的支柱之一，刻画作为四种基本相互作用之一的引力作用，在现代宇宙学、高能天体物理、天体测量、大地测量及导航定位等领域中发挥着越来越广泛的重要作用。近年来，国际天文联合会（IAU）更以广义相对论为基础建立了相对论参考系系统，为高精度的空间科学、深空探测、天文观测等领域提供理论框架。

作为广义相对论发展史上一个新纪元的开始，2015 年也将被载入史册。正是在这一年，经过几代人三十多年的不懈努力所建造的美国第二代地面大型激光干涉引力波探测器 Ad-LIGO 在开机运行后不久的 9 月 14 日，就探测到了引力波信号。所捕捉到的引力波信号，来自于距离我们 410Mpc 处，质量分别为 36 倍和 29 倍太阳质量的两个黑洞并合，经过激烈的引力辐射后，形成了一个 62 倍太阳质量的黑洞。对引力波的直接探测预示着人类可以通过探测引力波来探索致密和高能天体物理过程，为人类认识宇宙结构演化、研究相对论天体物理中黑洞和其他致密天体的动力学过程及演化打开一个全新的窗口，一个全新的引力波天文学领域正在慢慢地展现在我们面前。

在牛顿建立经典力学之后的一百多年，Laplace、Poisson、Hamilton 等人为了把经典力学应用到天体运动，发展出新的力学框架，即我们今天所使用的辛几何。历史总是如此的相似，今天当我们想要把广义相对论应用到黑洞和中子星等致密星体的运动时遇到了重重困难，迫切需要发展出新的数学工具和思维，对我们来说这是一个绝佳的历史机遇。

按照《数学与人文》丛书的精神，编辑这本广义相对论文集的目的是在这个广义相对论发展的历史转折点，让更多读者了解广义相对论的发展和它的科学内涵，同时也为对这个学科感兴趣的年轻学子们提供一本教科书以外的补充读物。文集中一共收录了九篇文章。开始是丘成桐和 Roger Penrose 两位当代广义相对论研究大家的文章，在这两篇文章中展示的不仅仅是他们对广义相对论的独特理解和高瞻远瞩，还有他们的思维方式和对选择研究问题的品位和判断，非常值得年轻学子仔细阅读和学习。接着是五篇关于广义相对论的发展和个别领域的文章，读者可以从这些文章中了解到广义相对论百年发展过程中的一些情况和个别领域的前沿知识。

把张双南教授的文章放在广义相对论文章之后，是希望读者在对广义相对论有一定的理解之后，再去领会广义相对论在未来天文学的发展中可能扮演的重要角色。凭借引力波天文学的发展，可以预见在未来几十年，广义相对论和天文学的发展会紧紧相扣。与其说张教授的文章是一篇科普文章，我更愿意把这篇文章看成是一篇天文学简史的文章，除了对历史和相对论天文学的精彩描述外，更是在敲问我国自宋代以后天文学远远落后于西方的原因，从天文学角度探讨李约瑟提出的科学史难题“尽管中国古代对人类科技发展做出了很多重要贡献，但为什么科学和工业革命没有在近代的中国发生?”，发人深省。

文集中最后一篇文章是胡大年教授撰写的，关于相对论在中国“五四时期”萌芽和起步的历史。在编辑这本文集的早期，曾经希望把一些“文革”和其他时期的历史材料也放进文集中，由于种种原因，最后只收录了胡教授的文章，希望以后有机会再把其他时期的史料收集整理出版。把这篇文章放到最后主要是考虑到篇幅较长，同时也是希望读者在理解相对论的一些知识和发展后，抚今追昔，对先辈们为这个学科在中国的发展付出的辛劳和汗水多一点认识，让我们在他们奠定的基础上往前走时，多一份敬畏和感恩的心，同时也提醒我们有责任尽自己的本分做好传承工作。

在编辑这本文集的过程中，我得到龚雪飞和邓宇善等人的大力协助，在此表示由衷的谢意!

目　录

名家访谈录

几何：从黎曼、爱因斯坦到弦论

丘成桐

丘成桐，当代数学大师，现任哈佛大学讲座教授，1971 年师从陈省身先生在加州大学伯克利分校获得博士学位。发展了强有力的偏微分方程技巧，使得微分几何学产生了深刻的变革。解决了卡拉比（Calabi）猜想、正质量猜想等众多难题，影响遍及理论物理和几乎所有核心数学分支。年仅 33 岁就获得代表数学界最高荣誉的菲尔兹奖（1982），此后获得 MacArthur 天才奖（1985）、瑞典皇家科学院 Crafoord 奖（1994）、美国国家科学奖（1997）、沃尔夫奖（2010）等众多大奖。现为美国科学院院士、中国科学院和俄罗斯科学院的外籍院士。筹资成立浙江大学数学科学研究中心、香港中文大学数学研究所、北京晨兴数学中心和清华大学丘成桐数学科学中心四大学术机构，担任主任，不取报酬。培养的 60 余位博士中多数是中国人，其中许多已经成为国际上杰出的数学家。由于对中国数学发展的突出贡献，获得 2003 年度中华人民共和国科学技术合作奖。

1971 年，我第一次接触广义相对论，当时我正在读研究生；在随后的三年中，我接触到广义相对论的重要问题——正质量猜想。到 1979 年，我和我的学生一起将这个问题解决了，以后我就一直参与广义相对论这个方向的研究，到现在也有四十年了。今天我想从几何的观点来看广义相对论。首先我们来回顾一下现代几何学的开始。很多人认为现代几何学是从高斯（Carl Friedrich Gauss，1777—1855）开始的，可以说高斯是现代几何学的开创人，但这门学科的真正发展是从黎曼（Bernhard Riemann，1826—1866）开始的。黎曼的一生很短暂，从 1826 年到 1866 年，只有短短的四十年。从 1850 年开始，他才陆续有文章发表，且数量不多，但第一篇文章就开创了整个几何乃至数学不同方向的领域，尤其是开创了现代几何学。在 19 世纪中叶，黎曼提出了很新的观点，引进了与古希腊几何学家完全不一样的看法，这个看法影响到若干年以后爱因斯坦建立广义相对论。假如没有黎曼的贡献，爱因斯坦的理论至少要推迟几十年才能出现。

黎曼在 1854 年的一个报告中讲述了他读博士期间的工作。当时他并不想讲这个题目，因为他认为这篇文章并不是他最擅长的，是他的老师高斯让他讲这个题目。高斯让他讲这篇文章，也就是因为高斯本人考虑过这个问题而不够成功，所以黎曼就给了这个演讲。这是人类思想的一个重大发现，他除了用高斯的一些理论和赫尔巴特（Johann Friedrich Herbart，1776—1841）哲学思想，没有可以参考的文献，几乎全部是他自己想象出来的。他发表的一些很重要的想法一直到现在都是影响很深刻的。不同于我们今天所看到的，事实上黎曼的想法很开放，一般的几何学家没有搞清楚黎曼当年的想法。他要量距离，要量空间种种不同的概念，要分辨空间和实体，这些实体要通过实验来反馈。一方面，我们知道宇宙是无穷大的，整个宇宙中的星体离我们非常之远；另一方面，我们也看到很小的尺度，小到量子力学、高能物理的物理现象。黎曼则认为几何既能够描述大到整个宇宙，又能够描述很小的尺度。然而，这个想法到现在仍然是个重要的问题，也是 21 世纪很重要的问题，即量子力学与广义相对论的结合。当年，黎曼不知道广义相对论和量子力学，可是他却已经想到巨大距离的几何和微小距离的几何。

黎曼开创现代几何的时候，他是想解释物理现象，而这一点到现在还在摸索，还没有成功。黎曼认为这是个重要问题，几何跟物理一定有着某种联系。我们现在的几何包括了拓扑学、分析、数学物理。黎曼当年也采用同样的方法来研究几何，可是我们以后慢慢就走远了。与黎曼同一时代的有几个重要的数学家，最重要的一个是柯西。我们在大学的时候学过复分析，其中有个柯西–黎曼方程，柯西和黎曼是复分析的奠基人，很多重要的公式是他们推导的。可是黎曼走了一条柯西没有走的路线，他从几何和微分方程的观点来研究复分析，接着引进了所谓黎曼面的基本概念，这个概念成为 19 和 20 世纪最重要的学科，它已不再是数学的一个抽象概念。其实到了今天在很多重要的物理学科里面，黎曼面也都是一个很重要的概念，这个概念影响到高能物理和种种不同的物理现象，所以值得我们去了解这个问题。

黎曼是第一个引进独立于欧氏几何的几何概念的学者，他用坐标来测量长度、面积和局部几何量；他有个很重要的观念，就是认为所有量度的几何量应该跟坐标选取无关，用坐标来量距离、面积等，但这些量又跟局部坐标无关。在广义相对论中，这个概念叫作等效原理，在物理上，从伽利略就已经开始了这样的思考。黎曼第一个将这个观念用到空间几何上。没有等效原理，广义相对论不可能成功，爱因斯坦在推导他的场方程时所用到的一个最基本的假设就是等效原理。其实比爱因斯坦早八十年，黎曼就大量引用这个原理，推导了很多重要的结果，有些是真正用到了物理上。黎曼发觉任何光滑的二维曲面都可以描述为一个黎曼面，这一发现非常重要，因为在过去的三十年来，物理学家对超弦理论很感兴趣，根据这个理论，每种实物粒子都是时空里面振动的微小的弦。弦振动的时候就会产生一个二维的面，二维曲面本身存在一个很重要的结构，这个结构我们称之为黎曼面，对于这个二维曲面我们定义共形几何，这也就是超弦背后的一个叫作共形场理论的理论。黎曼面不仅仅对弦论很重要，同时对物理的其他方向，如凝聚态物理，也慢慢产生了重要影响。黎曼面在日常生活中也有广泛的应用，比如计算机图形学、地图学。在球面上画地图时，用共形映射到球面上去，地图就变成一个平面上的图画。共形映射有一个坐标系统，黎曼当年的想法就是用不同的坐标系统来描述它，而坐标和坐标之间的关系是共形映射，黎曼面的意思就是我们在用不同坐标来描述几何的时候，坐标与坐标之间的变换或者映射是共形的。

在 19 世纪后期，庞加莱在黎曼之后进一步推动了黎曼几何的发展，推广了黎曼的定理。有些学者是在黎曼去世以后才开始成长起来，他们成功发展了黎曼流形中的微积分。微积分在整个近代科学发挥了重要作用。牛顿发展微积分，并且利用微积分来计算天体力学和一般力学，使其成为物理上的一个最为重要的工具。对于黎曼流形我们同样需要微积分。黎曼空间中的微积分与以往的微积分大致相同，不同的是在微分向量的时候，本来是等于零的地方，对于一般流形不再等于零，因为在黎曼空间中有曲率的存在，使得微分不再等于零。这一点影响到广义相对论的发展，也影响到以后高能物理的发展。在高能物理学中，非交换规范群的结果，取决于空间本身的曲率，其中一个很重要的曲率是意大利几何学家里奇（Ricci）发现的。在物理上我们很重视守恒论，如能量守恒、动量守恒，都是力学里面最重要的理论。里奇发现在空间中也有张量是守恒的，这个重要的发现影响到广义相对论的发展，同时也是广义相对论中的重要一部分。在历史上的一个重要年份，1905 年，爱因斯坦在庞加莱、洛仑兹等人的帮助下建立狭义相对论，发现三维空间的量度和时间的量度是不可分割的。当我们量度时间时，时间量度会改变，所以速度跟时间、长度是互相影响的，也就是狭义相对论里面的主要内容。可是当时他们对时空的观念还不够了解，直到 1908 年，也就是狭义相对论发表三年之后，爱因斯坦的老师闵科夫斯基，也是当时最伟大的数学家之一，他说如果四维时空用黎曼度量来表述的话，整个狭义相对论用几何的方法表现出来会非常清晰。洛仑兹群是整个狭义相对论中最重要的群，闵科夫斯基第一个发现时空是四维的，同时可以用一个黎曼度量来量度它。这启示爱因斯坦在研究狭义相对论的时候想到一个很重要的问题，虽然狭义相对论在当时被公认是对的，但牛顿力学跟狭义相对论是矛盾的。因为对于狭义相对论来讲，所有的信息不能够超光速传递，可是牛顿力学是要求超距作用，太阳对地球转动的影响是瞬时的，根本不需要传递，因此是超光速的，这两个完全相反，一个要求超光速，一个要求以光速为极限。等效原理是一个很重要的原理，从伽利略开始就知道等效原理，通过实验验证是对的，引力定律不受观察方式或者坐标的选择的影响，坐标的选择不能够影响到整个运动方程。这个重要的看法，通过一个物体在电梯上加速和不加速的思想实验，他知道重力的异常依赖于方向，因为一个很简单的事实，假如我们向前走，速度和光速接近的时候，我们的长度会收缩或膨胀，跟运动方向有关，但是跟运动方向垂直的方向，长度没有受到影响。在一点上描述重力场的函数依赖于方向，但函数跟方向是无关的，这产生了一个令人困扰的矛盾。所以，爱因斯坦在 1908 年的时候，一方面看到上面的问题，另一方面知道闵科夫斯基用几何化的思想来研究狭义相对论，启发他有了一个很重要的想法，就是描述引力场不能单靠函数，但当时还不清楚他要算的东西，因为他没有足够的数学功底。于是他向年轻时候跟他一起上课的一个朋友格罗斯曼（Grossmann）问了这个问题。格罗斯曼学过一些几何，跟爱因斯坦讲了几何上发展的一套理论，同时这个概念跟闵科夫斯基提出的黎曼张量很像。就连爱因斯坦自己也说 1908 年对他来讲是重要的一年，他发现张量可以用来描述引力场，但是牛顿力学中的重力场是要对势函数进行两次微分，那么怎么对张量进行两次微分呢，于是他再次向格罗斯曼问了这个问题。格罗斯曼当时不愿意帮忙算，但在爱因斯坦的坚持下，格罗斯曼就勉为其难，跑到图书馆去帮他查找相关的书籍和资料，于是找到了里奇张量，恰好重力场方程应该包含这个量，因为这个量跟坐标选择无关。也就是说，我们要对一个二阶张量进行两次微分得到一个与坐标选择无关的二阶张量，这些思考都是完全从数学观点来看的，跟物理无关，物理的思想就是等效原理，描述引力场的是一个二阶张量，微分出来的一定是个二阶张量，最终启发爱因斯坦找到里奇张量这个事实。他们在 1912 年和 1913 年还写了两篇文章，在这两篇文章中就出现了早期爱因斯坦方程的结果，这个结果跟牛顿力学方程的结果很接近，方程的左边是里奇张量，即对黎曼度量微分两次的张量，方程的右边是物质分布的物质张量。这个方程写下来基本上是模仿牛顿力学方程。当时这个方程确实很漂亮，整个方程跟坐标选择无关，所以满足等效原理，爱因斯坦他们对这个方程很满意。但是他们发觉用这个方程来解释物理现象的时候，并不成功。因为他们当时没有注意到一个问题，物质张量满足守恒定律，但左边并不满足守恒律，所以两边并不能相等。在随后的大概两年时间里，爱因斯坦从等效原理出发，采取特殊的坐标系统来解释和观察天体问题，当时他的一个朋友叫作希尔伯特（David Hilbert），这个时候闵科夫斯基已经去世了，希尔伯特说这个方程不好，我们不能通过特殊的坐标系来找寻解释。所以在爱因斯坦最后成功地解释天体问题的时候，有人问爱因斯坦，假如观察到的现象与你的理论有不同的时候，你怎么想？他的回答是，我会为造物者惋惜，竟然不会用这么漂亮的理论。

爱因斯坦因为前面的大概一两年的时间，企图用特殊的坐标来解释物理现象，走了很多错误的冤枉路，最后还是希尔伯特带领他通过数学的美来找到正确的方程。此后，爱因斯坦都不停地讲数学的美是很重要的，从大方向来讲数学的美比实践更为重要。这一点可以讲是通过对称群来找到物理方程的一个重要方法，在推导爱因斯坦场方程的整个过程中，所用到的最重要的是等效原理。等效原理其实就是对称群的应用。对称群是从 19 世纪的伽罗瓦开始的，到 20 世纪初，一个重要的女数学家诺特（Emmy Noether）开始用对称群来推导物理方程，提出了很多重要的思想，给现代物理带来非常深远的影响，这个影响一直到今天还在发挥着作用，所有物理的推导都跟这个有关。还有 20 世纪的伟大数学家外尔（Hermann Weyl），他也同样跟爱因斯坦讲，如果让他选择实验结果和完美理论，他宁愿选择完美理论。因为实验往往会有错误，但一个完美的理论可能会有更深远的影响，同时往往是对的。所以我们可以看到爱因斯坦在完成广义相对论的时候，主要是尽量满足等效原理这样一个哲学思想。同时，要跟牛顿力学能够衔接，通过思想实验和数学思维，他才得出这样的结论，也就是说物理最基本的部分必须通过思想，同时有哲学思想和数学的思维。

广义相对论通过一百年来的检验，基本上都是正确的。爱因斯坦跟希尔伯特相互竞争也相互帮忙，而实际上，希尔伯特比爱因斯坦早十天推导出场方程，不难看出，爱因斯坦的理论受到数学家很大的影响。爱因斯坦发现他的方程可以用来解释时空跟物质的分布是互相影响的，而在牛顿力学里面，时间和空间是固定的，而且它们之间是没有关系的，他发现时空在不停地改变，其中有一个重要的发现是光通过引力场时会发生弯折，过了不到两年的时间，通过日全食的观测，证明这个效应的存在，爱因斯坦更是因此一举成名。他做了基础性概念的突破，就是讲物质的存在会产生重力，重力本身也会影响到时空的结构，时空和重力互相影响，时空几何影响物质分布，物质分布反过来影响时空几何，所以这是一个很重要的观念上的大突破。施瓦西在 1916 年发现爱因斯坦方程的一组解。爱因斯坦方程有很多不同的解，即使有场方程也并不足以估计解的唯一性，解有它的边界条件，有它的初始条件，这两个条件，爱因斯坦都没有解决。初始条件是什么，边界条件是什么，爱因斯坦并不知道，直到一百年以后的今天，我们仍然在辩论什么是对的初始条件，什么是对的边界条件。所以很有意思的是，在广义相对论发表不到一年的时候，施瓦西就发现了场方程的一个解。这个解是球对称的，球对称的解比较容易获得，因为在这样的条件下，场方程就变成了一组常微分方程，求解就相对容易。有了这样一个解，爱因斯坦就很容易计算星球的引力场或重力势，不要小看这个解，我们今天在计算全球定位的时候就要用到这个解，光线的传播会受到地球重力场的影响，假如不用这个解的话，计算出来的结果就不对。通过施瓦西解我们知道，光线通过引力场会产生微小的偏差。

广义相对论的发展受到黎曼几何的影响，反过来，广义相对论也对微分几何的发展产生深远的影响，影响到这一百年来微分几何的发展。尤其是我们对真空方程的研究，真空方程就是爱因斯坦场方程的右端物质张量等于零。在爱因斯坦广义相对论发表以后，包括爱因斯坦本人在内的很多研究者都希望将麦克斯韦的电磁学跟重力场统一起来。麦克斯韦方程和爱因斯坦场方程表面上看来并不接近，要想将它们统一起来，会有什么做法？麦克斯韦方程是 19 世纪最伟大的一个电磁理论，广义相对论也是 20 世纪最重要的引力理论，因此希望将二者统一。此时就出现各种不同的建议，其中一个最重要的建议，就是刚才讲过的伟大数学家外尔，他将麦克斯韦电磁理论变成规范场理论，规范场这个名字是外尔在 1918 年最先提出的，他当时提出一个规范群是不保持长度的，爱因斯坦不高兴，觉得长度在平行移动的时候不可以改变，外尔接受了这个批评。但是直到十年后，在这期间量子力学产生，量子力学对纤维丛的理论有很深的影响，也给外尔带来很大的影响，因此完成了规范理论，终于将电磁学变成所谓的规范场理论。从这个过程来看，是广义相对论的产生对外尔带来影响，进而产生了规范场论，整个理论在 1928 年完成，这是一个非常伟大的工作，麦克斯韦电磁场变成规范场，带来了巨大的影响。规范理论在数学上是一个非常普遍的理论，当运用到物理上以后变成一个非常重要的理论。从数学上，嘉当等人推广了规范理论，他们提出了所谓的纤维丛或向量丛的观念。他们认为空间的每点上都有一个线性空间，这个线性空间可以任意扭动，这给物理和几何提出了新的观点，这个观点影响到陈省身和庞加莱。在 1945 年，陈先生引进陈氏示性类，一直到 1954 年，杨振宁和米尔斯推广了规范场，从可交换的规范群到非交换的，就是一般数学家讲的向量丛的微分问题。从这以后，规范理论影响了现代物理的一些重要的结果，我们发现自然界中所有基本的相互作用是由规范场来决定的。所以纵观历史，我们可以看到从广义相对论开始，影响到外尔，最后由杨振宁和米尔斯推广外尔理论得出了重要结果。这个结果本身也同时影响到数学的发展，这些发展成为近三十年来重要的开创性工作，可是重要的理论还是没有全部被发展出来。

广义相对论除了影响到外尔的规范场理论以外，还产生了一个很重要的理论。卡鲁扎（Kaluza）是个数学家，克莱因曾推广了卡鲁扎的理论形成卡鲁扎–克莱因理论，这是个什么理论呢？当时，爱因斯坦提出的相对论是四维时空理论，爱因斯坦很想从四维时空理论推导出电磁场，但并不知道怎么样能够推导出来电磁场，卡鲁扎尝试了一个大胆的做法，干脆到五维时空去研究广义相对论。那么五维时空是怎么产生的呢？他的做法是将四维时空中的每一点加上一个圆圈，这样就变成五维时空了，在这样一个五维时空中我们去寻找广义相对论。按照四维空间广义相对论同样的做法，我们只要求五维空间没有物质，卡鲁扎发现一个很有趣的事情，就是当拿走圆圈之后，五维时空里的真空解变成四维时空里的非真空解，也就是说这些圆圈拿走之后产生了物质，这些物质就是电磁场，实现了一个从无到有的过程。五维空间的真空到四维空间的非真空，所以物质是从时空中产生的，就是一维空间的圆圈帮我们产生了电磁场，这是令人惊讶的发现，就连爱因斯坦也吓了一跳，很欣赏这个理论。因为爱因斯坦从一开始发展广义相对论到他去世那一天，都始终认为引力场是宇宙当中最基本的场，所有的其他物质都应当由引力场产生，所以当卡鲁扎完成理论的时候，他非常兴奋。这个理论到现在还在发展，但是爱因斯坦放弃了这个理论，因为当时这个理论除了产生电磁场之外还产生了一个很重的标量场，这个标量粒子在实验中找不到，所以你可以讲理论是很漂亮但是画蛇添足。也是因为理论本身的漂亮，到现在还在不断地改进，在四维空间增加维度的想法一直在被发展。这个理论发展成为现在的弦论。

这里稍微介绍一下我自己在这方面做的一些东西。空间用几何来代替，这个让我很兴奋，重力用曲率来解释让我印象深刻：在赤道上两地，两人同时朝北移动，本以为是平行移动的两人却发现快到北极时，竟然越来越靠近对方，就像两人之间有吸引力，这种吸引力的作用实际上来自于地球的正曲率。反之，若空间曲率为负，例如双曲空间，两人将渐行渐远，感受到排斥力。为什么会有这个想法呢？因为真空只是曲率的一部分，希望找到没有物质非平凡曲率的真空，这点很有意思，我花了很多时间去研究。里奇张量用来描述物质分布，可是里奇张量可以等于零，假如它等于零的话，时空中就没有物质了，所以我就想没有道理里奇张量就绝对等于零。我在读研究生的时候就找到了一些有关这方面的文章，也是卡拉比写的一篇文章，可是他对广义相对论完全没兴趣，他的兴趣是研究几何，对黎曼面的推广。所以我对这个事情就很兴奋，因为我觉得卡拉比的问题会帮助我解决刚才的广义相对论的问题，就是找一个真空但非平凡曲率，而黎曼面高维推广就是卡拉比思想，黎曼面到高维的时候，当满足某种对称时，它就是卡拉比所要的流形的一个重要观点。

超对称是 1970 年由物理学家引进的一个重要概念，就是时空跟物质有超对称的观点。超对称的概念就是费米子和玻色子是对称的，虽然这四十年来超对称没有被找到，但对理论物理的影响非常大，很多重要的理论都是通过超对称来了解的。有了超对称这个观点，卡拉比问题就容易得多，有了超对称，爱因斯坦场方程就变得简单得多，但是当时很多重要的问题都不能解释，所以很多人都不相信卡拉比先生的猜想是正确的，我自己也不相信。最后我是完成了这个问题，完成过程并不简单，因为我要建立一套完整的几何理论和分析理论，我的很多朋友还有学生，他们都是一流的学者，一起创立了一个学科——几何分析。通过几何分析，我终于完成了卡拉比猜想的一个证明，这个证明完成之后，我就找到了爱因斯坦场方程的一些很重要的解，不只是一个解而是一系列解。当时我跟很多朋友讨论这些解，尤其是物理上的朋友——包括我自己的博士后，当时跟我做博士后的有两个人——他们都对我的这些解有兴趣。当时我跟很多朋友讨论，包括霍金在内，但是他们都认为我做的这个事情跟物理无关。一直到 1984 年，我接到电话，他们很兴奋地告诉我，他们关于弦理论里面的量子引力理论应该是可以找到了，这是他们认为最重要的部分。他们将四维时空乘上一个微小的空间，以至于肉眼无法观察，而四维空间就是普通人看到的情形，四维时空从人眼看过去是四维时空，多出来的那六维看不见。所有的量子力学的方程可以在四维时空里面计算，而且六维空间在满足这些方程的时候，就得出四维时空里面粒子的变化，就像我们讲过的五维时空里做引力场理论。本来是真空什么都没有的，到了四维产生了电磁场，现在十维空间回到四维空间的时候，多出来的空间就是我制造出来的卡拉比–丘流形，这个空间帮我们产生出我们所看到的电子等种种粒子的能量和它们相互的作用力。这一点成为一个重要的事情，整个高能物理的粒子变化都可以从六维空间计算出来，虽然六维空间小到看不到，可是它的几何特征可以帮助找到所有宇宙中粒子的变化，这个重要的结果实际上是爱因斯坦很想找到的，通过四维时空的引力理论来得到宇宙中的物质分布。这一点非常微妙，也引起了很多争论，主要的原因是我制造的这个空间不是唯一的，这个空间有很多，整个理论也并没有矛盾，到现在为止也没有发现任何错误。既然有很多个空间，那么怎么确定哪一个是来创造宇宙物质的呢？现在还在摸索哪一个空间是合适的，只要找到了合适的空间，我们用不同的方法来看的话，就可以用来计算种种粒子的重量、各种不同的现象，基本上是实现了爱因斯坦当年的一个理想，就是通过几何来统一所有基本粒子和相互作用。这是一个非常基本的问题，到现在为止还没有办法证明。但是从物理上来讲，至今还没有发现任何矛盾，同时它所得到的结论，从数学上证明都是对的。这一点是很令人鼓舞的。就是说从物理上得到的推论在数学上可以得到验证。实验上因为能量要求很大，到现在为止还没办法证明，尽管如此我们还是希望在实验室里能够发现这些现象，验证或者修正现有的理论。

我们知道 20 世纪最重要的两个理论，一个是量子力学，一个是广义相对论，广义相对论比量子力学的基础更加扎实，可是在真正应用的时候，量子力学更为重要，主要原因是广义相对论里的方程是非线性方程，在求解方程时存在很大困难，而量子力学的方程是线性方程，方程的求解是比较容易的，之后杨振宁和米尔斯的工作也是比广义相对论更线性化的，但比原来的量子力学复杂。所以，到了今天，理论物理遇到的困难实际上也是数学上的困难。我们要解决一大组非线性方程，这并不是很容易解决的。当年，杨先生做出规范场论，基本上二十年都没能进入到物理里面，是因为量子化比较困难，实际上就是遇到非线性问题。直到规范场量子化之后，在 1973—1974 年，才实现了标准模型。所有主要的预言都得到了证明，到现在为止，我们所要解决的就是量子场论怎样与广义相对论严格地结合起来，这是 21 世纪最重要的问题，物理学家、几何学家、天文学家都希望能够解决这个问题。这个问题能够影响到很多方面的发展，包括计算机和大型粒子对撞机，研究量子引力场论也需要。近年来，天文观测、大型对撞机及数学都有很大的发展，我们希望在这个世纪中能把二者融合起来，无论是超对称还是高维空间的想法，都需要时间来证明。无论是超对称还是高维空间被发现，都是人类对整个宇宙的贡献，我们中国科学家如果能够带动这个研究，都会青史留名，不止拿诺贝尔奖那么简单，当然希望中国科学家能够努力，任重而道远!

编者按：本文整理自作者 2015 年 12 月 21 日在中国科协“科学百家讲坛”的同名报告。

Roger Penrose 访谈

Andrew Hodges，Roger Penrose

译者：黄双林

Roger Penrose，英国数学物理学家，牛津大学数学系 W. W. Rouse Ball 名誉教授。以其在数学物理方面的工作而闻名，特别是对广义相对论和宇宙学的贡献。获得了多个奖项，其中包括 1988 年与 Stephen Hawking 共同获得的沃尔夫物理学奖。
Andrew Hodges，英国牛津大学瓦德汉学院高级研究员、数学导师。

第一部分

Andrew Hodges（以下简称 H）：Roger，非常高兴能以这样一个正式访谈的形式跟你对话，特别是，我跟你认识都有四十二年了吧？

Roger Penrose（以下简称 P）：是啊，好长的一段时间了。

H：回顾这段时期内发生的事情，我脑海里出现的第一个念头就是时间。我想说，你做的所有事情似乎都以某种方式击败了时间。

P：通常来讲，应该是被时间击败了吧。

H：我不这么认为。我认为你胜利的次数超过了绝大多数人。

P：我不清楚你是否还记得，我的办公室里曾经有一个倒着走的时钟。

H：我认为那是个很不错的装饰品，每人都该买一个。由此我们自然会联想到热力学第二定律，时间方向之谜，我们的意识和对过去的知觉，等等。不幸的是，过去只能谈论，真是很大的一个缺憾啊。但首先，兴许你可以就你的初期数学工作说几句。很抱歉要从这么早开始，不过我觉得，你的很多工作都源于 20 世纪 50 年代在剑桥的这段时期，而且那时困扰你的谜团，有些到现在也没有消失。

P：好的。我在剑桥圣约翰学院做研究生时，一开始做的是代数几何。我想我当时是被误导了，以为代数几何是很几何的。很快我就认识到它基本上是代数的，而几何才是我很享受而且做起来最轻松的。

我做的其中一件事就是发展了一套记号。一开始 Hodge 是我的导师，

Michael Atiyah 跟我是同时期的。我发展的那套记号最初是用来应对 Hodge 所教授的微分几何课程的，这课并不容易，满黑板都是他写下的指标记号。部分由于这个原因，我发展了这套记号，使得张量都由带有“手臂”和“腿”的东西来表示。你可以通过它们进行缩并等运算，将张量代数问题转化成了容易理解得多的图像进行处理。

H：事实上，这有关于另一个主题，我本打算待会儿再问你的。你发展了好些在纸上以及在脑海中看某些东西的方式，它们都跟通常的正式记号很不一样。而且你也给了我一个印象，那就是你没有追随更抽象的代数几何，它从那个时候起已经开始变得非常广阔。抽象数学领域在发生大量惊人的事情，但你一直持一个几何的观点，这在当时的剑桥肯定算是有些跟不上潮流的吧。

P：我想我确实是不追赶潮流的。虽然你去看我的论文的话，里面可是一个图都没有，但它们都是利用图像完成的，我是说，在处理代数运算的时候，我使用张量图画，画各种线条，使用对称和反称操作的记号，进行各种各样的操作。这些本来是很代数的东西，但我都是用很几何的方式去做的。我想，这也是对我后来的研究起重要作用的事情之一。我发展出的张量的更一般形式，超越了张量通常的含义，包括了负数维度的张量，后来发现跟量子力学中的自旋有关联。旋量让我觉得很神秘，因为它似乎是某种“部分”的东西，大概来讲它是向量的开平方，而我当时搞不懂怎么才能做到这一点。

Dennis Sciama 是我在剑桥时的一位很好的朋友，或者应该说，我们在更早的时候就是好朋友了。他是位宇宙学家，追随的是当时流行于剑桥的稳恒态宇宙学模型。Bondi 和 Hoyle 作为这个模型的提出者，当时也在剑桥。Dennis 非常推崇这个模型，而我也觉得它非常有趣、激动人心和哲学上令人满意：宇宙一直存在着，没有什么开端，而它的膨胀则被持续不断产生的新物质所补偿。后来我开始不满意这一模型，因为这些规则很难跟广义相对论相融合，而要让我在广义相对论跟静态宇宙学模型中二选一的话，我肯定是选广义相对论的。不管怎么说，Dennis 跟我的友谊对我是十分重要的，我从他那里学了好多物理知识。

你看，作为一个纯数学的研究生，我起码去上了三个非纯数学的讲座课程。当然，我去听的很多纯数学课程对我都是很重要的，我记得有 Philip Hall 的课，还有 Shawn Wiley 讲得非常好的拓扑课程，等等。但我也参加了一些跟我的研究计划没什么明显关联的课，其中就有 Hermann Bondi 的“宇宙学中的广义相对论”，讲得非常流畅，非常精彩。Dirac 的量子力学课同样令人赞叹，但其原因则完全不同，他是将所有东西按逻辑组织得井井有条。很多同事告诉我说，这不就是他书里写的那些吗？但你看，我还没看过他的书呢，所以他所做的工作之优雅是我在上课时领略到的。这课对我很重要还有一个原因。第一学期讲的是标准的量子力学，第二学期讲的是量子场论，然后在讲量子场论的时候，不知道出于什么原因，兴许是 Dennis 找 Dirac 谈过，他用了一个星期专门讲二分量旋量。我那时一直在试图理解二分量旋量，看了一些书，可我觉得里面写的都说不通。但 Dirac 给的那两次讲座真是堪称完美，让整个问题变得一目了然。这事说起来还有点讽刺，因为大家通常认为 Dirac 是四分量旋量的代言人，但事实上他不仅理解二分量旋量，他还用这个形式发展了他的方程的更高旋量版本。在我看来他的方法绝对是正确的。

H：你已经提到过，而且我认为我在剑桥时看见的也是这样，那就是纯理论和应用之间的分界十分明显，两边的人很少有交流。他们属于相互分离的不同院系，作为本科生，你本该选择好自己的归属，然后就坚持下去。可以说，那里真的是有“文化隔离”存在，但你无视了它。

P：我想我是忽视了它。是这样的，Dennis 一直想让我对物理感兴趣。在进剑桥之前，在 Fred Hoyle 的一个关于稳恒态理论的精彩讲座上，我就跟 Dennis 有过交流。我没太听懂这个讲座，但我得以跟 Dennis 聊天，他是我哥哥 Oliver 的朋友，在我去之前很多年他也在剑桥。从那时起我跟 Dennis 之间建立了友谊，他一直想让我去做物理，发展对物理学的兴趣甚至将专业改成物理。

当然我并没有这么做，因为那时有太多的数学问题是我所参与和感兴趣的：一般的张量系统，几何的想法，等等。还有很多数学理念是我当时本该学到的，其中有一个就是层的上同调。以前它们被称作 Stacks，但那时逐渐被称作 Sheaves（层），整件事情让我感到迷糊。直到好多年以后，当 Michael Atiyah 把所有这些事情都梳理清楚了，我才意识到我要是给予了这个问题足够多关注的话，里面有些东西本可以对我非常有用的。

H：William Hodge 对你学这些完全不同的东西是怎么想的？我估计对现在的很多研究生来讲，学这么多完全不同的课是很吓人的想法，这可不是能让你发表足够多文章的做法。

P：那时的情况也许有所不同。你看，我一开始是跟随 Hodge，而 Hodge 还有另外几个学生，其中一个很早就放弃了，另一个是 Michael Hoskin，他后来获得了博士学位但转向了科学史领域。还有一个是 Michael Atiyah。Hodge 曾经建议说，既然我对他给我的非常代数的问题有点不喜欢，那我也许可以去旁听另一个学生的课。结果我一点也没听懂，但那就是 Michael Atiyah 的风格。我后来跟他成了很好的朋友。

在我去上 Dirac 和 Bondi 的课的同时，我还上了另外一门课，老师是一个叫 Steen 的逻辑学家。这门课深深地影响了我后来所做的事情，因为我在课上学到了 Godel 定理。在那之前，我只是大略地听说过这个定理，而我觉得它挺让人不安的。在去剑桥之前，我以为思维就是计算，因为我也想不出别的解释。我模糊地知道 Godel 定理，它基本是宣称，在数学中有些东西是无法证明的，Steen 的课则清楚地告诉我，虽然你没法用某个特定的系统来证明它们，但你信任该系统这个事实却令你可以从系统中导出可信赖的结论。对系统的信念使得你超越了这个系统——你可以找到一些陈述，你没法用系统来证明，但根据你对系统的信任，它们必须是真的。这令我非常惊讶。

H：你是不是在那时就想到了，这应该跟大脑的物理刻画这些事有些关系？

P：是这样的，但那还不是个很确切的构想。你看，在 Steen 的课上我也学到了 Turing 机，它和 Godel 定理一样，也是这门课的内容之一。由于“理解”这件事似乎超越了任何特别的形式体系，这个课使我产生了这样的看法：大脑的运转里肯定有非计算性质的别的什么东西。

我从 Dirac 的量子力学课里学到了另外一点。说起来又有点讽刺。那是我第一次去上他的课，他把一节粉笔掰成了两半，谈论着量子叠加。你知道的，在量子力学里如果你能实现两件事的话，你还能把两件事叠加起来。我当时觉得很惊奇，我记得他说着能量之类的事情，但我没法理解这怎么能解释得通。我当时肯定在怀疑自己根本就没抓住要领。这个问题从此一直困扰着我，我也确实形成了这样的想法，那就是：我们对世界的认识还有巨大的缺口，具体来说是在量子力学中，而且有可能跟我们在意识和思考时发生的过程有一些关联。但这想法是很模糊的，直到很久以后我从电台中听到了 Marvin Minsky 和 Edward Vitkin 的谈话。他们采取的是非常计算机学家的视角，从这个角度，我明白他们为何会持那样的观点，但我觉得做出他们那种程度的推断是很荒谬的。这件事使我意识到自己对于这个话题有一些话想说，而且跟其他人所说过的都不太一样。我本来就有写一本书的想法，目的是激起大家对数学和物理的热情，不过这书并没有一个中心的议题。但这件事告诉我，我应该试着阐述一下我对大脑中所发生的事情的看法。

H：补充一下，以防观众不熟悉我们涉及的时间跨度。刚才所讲的书是指《皇帝新脑》，你是从 20 世纪 80 年代中期开始准备出版这本书的。接下来，也许你可以讲讲从 Dennis Sciama 那里获得的宇宙学图像。那时候，人们对宇宙还所知甚少，只知道相对于邻近星系的局部的膨胀。

P：我觉得人们把宇宙学当作仅仅是哲学或类似的东西，我的意思是，没有理由去选择相信这个理论或是那个理论。直到微波背景辐射的发现。

H：那是后来的事了。

P：是非常后来的事了。

H：你初次接触宇宙学的时候，它还处于完全空白的状态吧。Hubble 定律虽然已经存在，但其他方面的数据完全不能跟今天相比。

P：我想我确实是有些思维跳跃了，你说的没错。

H：是 Hermann Bondi 给相对论带来很多现代的思想。

P：我认为 Bondi 的影响非常巨大。他做过一些极好的电台谈话，无比清晰。他对我的影响无疑也是很大的。他讲东西的方式非常物理，但又清楚明了。我想我从其他同事，特别是 Phenix Pirani 那里也学到了很多，主要是相对论的数学方面的东西。

H：正是这些因素，让你能将对类光几何以及旋量表示的理解与广义相对论结合在一起吧。

P：是的。我试着来弄清这些事情的顺序。我先是对物理发生了兴趣。你看，Dannis 知道物理学领域发生的所有事情，尤其是宇宙学和天体物理学方面的，但他也对基础理论很有兴趣。有时在我们去 Stretford 的路上，他开着漂亮的小汽车，以很快的速度驶过道路转角，然后说道“这就是静止的星星的作用”。Mach 原理强烈地影响着他，这原理是说决定局域惯性的是遥远的星系的作用，所以你转动 Newton 的旋转水桶，引起水向边缘靠近的原因是星星向四周的拉扯。在往返的路上，我们还讨论过这样一个想法：如果我们能让星星们一个个消失掉，惯性会变成什么样子？将这个考虑到极端，当所有东西都消失了，只剩下车子时，你还会感觉到什么吗？根据 Mach 的观点，这时候惯性只由车子本身来决定。我继续想下去，类似地，单个的电子并不知道它自旋的方向。因此我开始考虑单个的自旋系统，它们没有方向的概念，将它们结合到一起时只能谈论总自旋，比如自旋是升高了还是降低了，规则是怎么样的，等等。我基本上就是从这个念头发展出自旋网络的。

H：我还不知道自旋网络那么早就有了，所以它与你的负维张量以及图计算等有关。

P：是的，这些都很早就出现了。你看，这之间的联系还包括不同维度之间的。我十分着迷于自旋的性质。现在，假设你有一个电子或者一个自旋为二分之一的粒子，它只能给你两个自旋的方向，但你明明有整个球面那么多的方向。这是因为在量子力学中，自旋有上下两个方向，其他自旋都是它们的组合，你会看到这两个态的复线性组合其实就是一个球面，这个球面就给了你所有的空间方向。这样，就有了空间的三维性和量子力学的复数之间的紧密联系。这类事情从某种很深的层面上触动了我。当我开始更多地思考相对论的图景，那里有光锥结构，有沿着光锥的方向；当你望向天空，那是个二维球面，不同方向对应于球面上不同的点，这时将这些方向表示为 Reimann 球面上的点是很有好处的。Reimann 球面就是复平面加上无穷远点，这个球面是考虑空间方向的很自然的一种方式。

H：是啊，无时无刻都能看到它。当然，其实你看到的是过去。

P：你会看到一点点的过去。将它看作复球面这点是很关键的，加上选定时空的维度，也就是三维空间和一维时间，这时你才会得到一个具有复结构的光锥，一个复流形。

H：你前面提到，你是从 Dirac 那里学到的二分量旋量，而他通常被认为是与四分量旋量密不可分的。你从中得到的联系量子力学和时空的洞察，可不是谁都能自然想到的。

P：我只是继续向前，倾向于走自己的路。我想我总是如此。我记得，当战争期间我在加拿大上学的时候，我十分迟钝。你如果看我的数学试卷，我的分数不会很好，还曾经因为心算很差而被降到低年级。但我记得有一个非常优秀而且很有洞察力的老师，他发现只要给我足够的时间，我就能考得相当好。因此他会说："好的，我们今天会有一场考试，通常是要求在这个时间段里完成，但你想要多长时间我都给你。"因而我就可以坚持不懈地做下去。下一个时间段是游戏时间，同学们都在外边儿玩，我还在坚持着，有时甚至到了下一个时间段我还在继续。最终我会完成得很不错，得到像 98 分之类的分数。这产生了巨大的差别。我想原因在于我不善于记忆东西，不管是在课桌旁或是别的什么地方。我总是试图自己找到解答，这当然对在学校参加考试是没什么好处的。但后来，这一点却正好有了用处，它让我得以用自己的方式去思考那些事情，而不是从书本或其他什么地方直接学过来。

H：说回刚才的话题，我想粒子物理学家那个时期恐怕不会对二分量旋量以及它们跟 $SL(2,C)$ 的关系感兴趣，而你切入相对论的角度，很大程度上源自量子力学以及经典几何，对吧？

P：量子力学对我的影响显然是很大的。我确信，量子力学还不完善，某些层面的规则还需要改进。我很早就这么认为，虽然具体时间无法确定。但不管怎么说，在微小的层面，非常基础性的量子的特性，这观念本身是极其重要的。

H：是从什么时候开始，你开始理解共形结构中的类光标架、光线以及此时度规不是第一位的这些事呢？你 1959 年关于移动的球面论文，仅用两页就纠正了一个常见的错误说法：如果物体相对于我们以相对论的速度移动，它一定看起来像是被压扁了。

P：那是在我去美国之前，而我是 1959 年去的美国吧。在 1958 年，就在我开始思考相对论里的旋量后不久，我去巴黎附近参加了一个广义相对论的会议。Dennis Sciama 也在，他很热衷于把他认为互相有话可谈的人聚集到一起。

H：如果我记得没错，1955 年是第一届，所以 1958 年肯定是第二届。这是现代相对论的发端时期。

P：是的，1955 年是第一届。是有两届，我记不清哪届是第一届了，在教堂山举办的是第一届吧，所以巴黎应该是第二届。

H：人数相对比较少吧，毕竟感兴趣的人不算特别多。

P：相对来说是的，但有好多我后来得以熟知的人，比如 Ted Newman。这次会议深深地影响了我，对我十分重要。不过我们得先说回去一点。应该是 1957 年吧，我不是很确定，Dennis 说服我去伦敦国王大学参加 David Finkelstein 的一个讲座，是关于 Schwarzschild 解以及怎么样去掉其奇性，听起来还挺有趣。我那时并没有研究广义相对论，而是在思考旋量等问题。他在报告里展示了如何将 Schwarzschild 解延拓到视界以内，当然那时候还不叫视界，人们还认为那是 Schwarzschild 的奇点。Finkelstein 得到了我们现在所讲的 Kruskal 延拓，我对此印象深刻。还有一点很有意思，Finkelstein 那时候的主要兴趣在广义相对论，我的则是旋量、微观量子力学、组合时空这些问题。所以我向他解释了自旋网络的想法，他从那时起开始了对组合时空问题的研究，我则进入了广义相对论领域。所以我们可以说是互换了角色。

H：我明白为什么那会触动了你，因为正好可以使用类光标架。

P：历史发展大概是这样：我去听了这个报告，给我印象很深的是你能去掉所谓的 Schwarzschild 奇点，但中心的奇点还是存在。我想到这就像是你能把它从一个地方赶走，但它始终还在。所以我开始想，有没有可能一般性地证明奇点一定是会存在的。我没有什么机制，没有什么方法来尝试这件事情，仅有的就是一直在研究的旋量。我想好吧，让我来看看怎么用旋量来描述相对论。我就这么做了，然后得到的东西是如此美妙，例如 Weyl 曲率是个全对称旋量，等等。

H：没有其他人做过这些吗？比如 Phenix Pirani？

P：Ed Witten 的父亲 Lou Witten 做过，我一开始并不知道。Phenix Pirani 提到 Lou Witten 的一篇运用旋量的论文，我仔细看了，发现里面有些不太对的地方，我纠正了这些错误然后做了些他还没做的，包括正则地表示四个主类光方向等很多东西。不知怎的它们以比我设想的美妙得多的方式融合在了一起。这件事就跟 Finkelstein 的讲座一样，强烈地将我引向对广义相对论的严肃研究中。之前我也对此感兴趣，但那时才有了足够的兴致。除了我哥哥 Oliver 向我模糊地介绍过以外，我第一次遇到广义相对论是通过 Schrödinger 的一本书，叫作《时空结构》。这是本很不错的小书，除最后一章包含了他个人的一些有些可笑的想法外，大部分都是很精彩的对张量计算的解说等内容。所以说我在去剑桥之前就学了这些，后来则是跟 Phenix Pirani 和 Dennis 学的。我去参加 1958 年的罗马会议时，Dennis 是会议主讲人之一，他对我说，“我有一个小时的报告时间，你可以用其中的一半”。他真是太慷慨了，所以我就做了一个关于旋量的小型报告。具体是 40 分钟还是 20 分钟，我已经记不清了，总之是一个相当仓促的报告，展示了如何将张量转变成旋量，然后美妙地融入到广义相对论的思想里。

H：你做的这些，最终就成了 20 世纪 60 年代中期的奇点定理。但此时，你还没有开始发表你的工作吧。

P：是的，关于旋量的这些工作是 1960 年发表的。然后，我去了普林斯顿，在那里待了两年，准确说应该是一年半在普林斯顿，然后是去了雪城大学。在这期间，或者更晚一点，我受到了 John Wheeler 的影响。在 20 世纪 60 年代早期，Maarten Schmidt 做出了最早的对类星体的观测，我记得 Wheeler 为此非常兴奋，他说"这告诉我们确实有小到 Schwarzschild 奇点那个尺度的东西存在"。在这之前，人们觉得所谓的 Schwarzschild 奇点跟物理学是没有任何关系的，但这下很清楚了，确实有些奇特的事情发生：它们肯定足够大，因为这巨大的能量；它们又必定足够小，因为它们在几周或几天之内就能发生改变。所以它们必须大致是其 Schwarzschild 半径的尺寸。这就是我们现在所说的黑洞，只是黑洞这个名字那时还没出现。Wheeler 同时还对奇点是不是普遍存在的这个问题感兴趣。

H：当时你知道 Oppenheimer 在 1939 年提出的那个坍缩模型吗？

P：是的，没错，Wheeler 很郑重其事地谈起这个。Oppenheimer 参与的一系列论文，特别是二战前夕 Oppenheimer-Snyder 那篇，里面讨论了坍缩。这个坍缩模型考虑的物质是具有严格对称性的尘埃，它们最终会坍缩成一个点。很多人认为这太过匠气，用到的理想化条件都是没法一般化的，而且俄国的 Lipschitz 和 Khalatnikov 好像还证明了奇点是很特殊的，通常不会出现。我看了一下他们的证明，觉得很难想象用他们的方法可以证明什么。所以我开始用其他方式思考这个问题，几何上去想象坍缩恒星内部是什么样的，说服了自己必须要用非局部的论证，单纯考虑局部的话是什么也证明不了的。后来就有了所谓的俘获面（trapped surface）的概念，其来历还挺有趣：它是我跟 Ivor Robinson 聊天时想到的。

那时我在伦敦大学伯贝克学院，Ivor Robinson 是我的好友，从他那里我学到了有关于旋量以及自对偶等很多后来在扭量理论中很重要的东西。他跟我聊着一些很无关的东西，大概是政治之类的，然后我们要穿过一条街道，谈话就中断了，穿过街道后他又开始接着说。后来他回家去了，我却在那里思索着，觉得自己受到了某种启示，但又不确定为什么有这种感觉。于是我把那一天所思考的事情都想了一遍，然后记起了我们过马路时，在走到一半的时候我脑海里出现了一个想法：采用这样一个对坍缩的刻画，也就是现在所说的俘获面，它是一个整体的条件，会告诉你恒星已经无法回头了。想到这里，我便着手去证明，基本上在同一天，我就给出了奇点一定会存在的证明轮廓。不过，相关的技术其实是我更早之前发展的，部分地来自于一个从没发表过的论证，这个论证与稳恒态模型有关。那时我对稳恒态模型和广义相对论都感兴趣，所以想试试看可不可以有与广义相对论相容的稳恒态模型。如果要求严格对称的话，你会碰到能量方面的麻烦；只要求一定的规则性，或许能摆脱这些麻烦。但我论证了一番后发现这是没用的，问题依然存在。我为之发展了一些技术，本以为是浪费了大把的时间，但后来在研究坍缩黑洞时却发现这些技术正是我所需要的。

H：我明白了。你需要的这些微分几何和拓扑的办法，是在 20 世纪 50 年代研究稳恒态模型时发展的，虽然这个模型本身在大爆炸理论成功后就逐渐淡出视野了。黑洞在 50 年代还差不多是天方夜谭，但现在则完全不是了。

P：确实如此，事情的发展真是挺奇妙的。被称为 Texas 会议的相对论天体物理会议，早期我经常参加，第一届我也去了。那一届有很多有关类星体的内容，包括 Wheeler 为之兴奋的由 Maarten Schmidt 所做的对类星体的观测等。Roy Kerr 那时发现了广义相对论场方程的一个解，就是可以被解释为旋转黑洞的 Kerr 解，当然一开始并不清楚这点。对此的理解是很重要的，后来发现在极一般的情况下也会有奇点出现。不用假设对称性，也不用特殊的物态方程，比如 Opppenheimer 和 Snyder 所用的尘埃物质。只要不违背正能量条件，一般物质都是可以的。

H：20 世纪 60 年代末，现代天文学和宇宙学开拓了广义相对论的新领域。但你呢？你却开始转向思考基本粒子物理学。

P：是的，扭量理论就是在那个时期做的，但其实这是些纠缠了我很长时间的问题。应该说，很大程度上要归功于 Engelbert Schücking。在我第一次到美国的时候，首先是去了 John Wheeler 所在的普林斯顿，然后去了雪城大学，在那里是跟 Engelbert Schücking 共用一个办公室。他总在谈论共形映射，强调共形变换的重要性以及 Maxwell 方程会如何相应地改变。不知什么原因，他还喜欢强调量子场论里正频率的重要性。这些东西都影响了我，在我发展扭量理论时起了重要作用。用共形变换来将无穷远拉近，给时空一个共形的边界，以便研究辐射，这只是其一。而正频率这件事对扭量理论的作用则是关键性的。我记得，我那时想要某种本质上是复的几何，但实际又是想要描述我们所知的世界，那么，就必须包含量子理论。我做了很大一个表，包含很多主题，它们之间有好多箭头来回交错。那时候做量子场论的人中，很少有人像 Engelbert 一样强调正频率这一点。

H：我觉得物理学家们在使用 Fourier 分析时都会这样，都会认为这是个平凡的问题。因为无非只是取正负号的差别嘛。

P：是的，而我认为这要结合共形这件事来看。如果共形是重要的，Fourier 分析就是不合适的，因为它不是共形不变的。不管怎样，你选择正的频率而不是负的，这件事确实是共形不变的。现在你有个 Riemann 球面，在赤道上有实函数，也就是沿着赤道给定实数，如果你可以将这个函数全纯地延拓到北极或南极，就会得到正的或负的频率。我觉得这真是美极了，那么有某种整体的办法将其延拓到整个时空上吗？这个问题纠缠着我。你将圆圈复化，得到 Riemann 球面，实轴将其分成两半，也就是频率的正和负。我一直想着，如果是 Minkowski 空间呢？将它复化，并没有得到分成两部分的东西。然后我记起了在美国得州奥斯汀时的一件事，时间应该是肯尼迪遇刺事件刚过去不久。朋友开车送我回家，他不是很健谈，所以路上我们都比较安静。我开始思考 Ivor Robinson 说过的，用某种办法将光线复化然后你就能得到 Maxwell 方程的一个很有趣的解，它没有奇性，而且是扭转的。我试图理解这件事，然后意识到这与 Clifford 平行有关：这个 Maxwell 方程的解的类光方向是 Clifford 平行的。我那时对 Clifford 平行只有些模糊的了解，但我确信，得到的确实是曲线扭曲围绕着环面这样的图像。当我到家之后，我将其转化成二分量旋量形式，几乎立刻就明确了：这就是扭量理论。你有实的光线所组成的空间，将其复化，再分为右手和左手两部分，这可以类比于 Riemann 球面被分成两部分。我用了很长时间才弄明白到底是怎么回事，原因是这其中需要上同调。

H：这挺惊人的。现在，物理学家经常使用扭量变量（twistor variable），但他们把它叫作半 Fourier 变换，采用的是完全线性的观点，没有任何几何的内容。但要超出 Minkowski 时空的范畴来做事情，就必须对什么是粒子、反粒子等有个更好的图像。你关心的这个问题到现在都还远未得到回答吧。

P：很有趣的。你知道，我们有一个发展扭量理论想法的小组，基本每周五都会有组会，讨论范围很广的很多不同主题。你差不多孤身一人发展了扭量图（twistor diagram），我对此很是钦佩。你觉得这件事值得去做，就专注地做下去了。

H：哈，其实这些图是你的，我只是使它们存活下去，直到它们与其他人的研究发现相结合。

P：但你发展它的方式是我完全没有想到过的。

H：你一直很关心波函数到底是什么这个问题，而多数人是不关心的，他们写下量子力学的公式，然后计算下去。但你喜欢我们能在某种意义上“看见”，我认为这一点在你做的很多事情中都起重要作用。但你不认为我们能“看见”波方程，这不是跟你通常的想法相抵触吗？

P：有件事很让我忧心，那就是人们总在说，量子力学告诉我们图像不再有用了，我们埋头计算就好，把图像忘了吧。我从未对此感到满意过，因为我总是想尽力图像化一样东西。当然，对于自旋，旋量等想法对于尽力发展几何观念是很有用的，但量子力学是有一些很古怪的地方的。我在“Shadows in the Mind”这本书里讲过，我认为量子力学的神秘之处可以一分为二，而人们总是弄混这二者。第一种我称之为“谜题”性的神秘，它哪里都对却又令人疑惑，但说到底是可以被人理解的。我是说，跟我们原本以为的世界确实不太一样：自旋的行为不像一个小球绕着轴旋转，它是一种更精微的事物，但还是可以被我们理解，是前后一致，能够讲得通的。不仅讲得通，它还很美妙。另外一种我称之为 X 型的神秘，X 这里代表“悖论”，就像 Schrödinger 的猫。量子力学告诉你，通过一个并不十分困难的实验，你可以将猫置于死掉和活着的叠加态，虽然这对猫不太友好。所以 Schrödinger 差不多是在说，看，根据我的 Schrödinger 方程，你可以有只既死又活的猫哦。这完全说不通嘛，你没见过这样的猫的。因此，尽管他从没明确这么说过，但对我来讲他是想表明，我们肯定是漏掉了什么东西，理论中有些什么地方不对。Einstein 也这么认为。令人惊讶的是，Dirac 也是。尽管 Dirac 很少说起，但他对此其实是有更多的看法的。他在讲座里就明确地说过，可以在网上找得到。对了，他针对 Bohr-Einstein 争论说过，虽然 Bohr 通常被认为赢得了争论，但时间也许会告诉我们，Einstein 的想法中正确的成分更多一些。

H：这种对量子力学的怀疑态度，是从他那里获得的吗？

P：不是的。我感觉，他很不愿意表达他内心私密的观点。我有过一次很有意思的经历。波士顿大学哲学系有次邀请了我，你知道，哲学家们喜欢那种有人作个演讲，然后另外有人来反驳他这样的做法，他们问我是否愿意参加，以及希望跟谁作对手。我刚好听闻 Dirac 评价说射影几何对他的思考很有用，而他们邀请了他，所以我马上说，好的，我会来作些评论。

H：你肯定不会拒绝的，这主意好极了。

P：绝对是的。因此他作了这个报告，一个非常优雅的 Dirac 式的报告，内容是关于射影几何。然而他只讲了纯粹的几何，没有物理，没有谈及对他个人的思考方式的影响或任何其他东西。于是我对他说“其实我们是希望你能透露一些你的个人想法的”。之后我作了一个关于旋量的报告，也就是阐述我在物理学中所使用的射影几何。这整件事情都挺有趣的。另外我想说一下，射影几何对我也有很大影响。

H：我们说回去一点。射影几何在你的时代不是也算有些过时了吗？听起来就像是维多利亚时代的东西，应该差不多从课程设置中消失了，最多这里一点、那里一点地出现一下。

P：基本上是消失了，但我赶上了它的末期。我本科时期是在伦敦大学学院，而事实上几何在当时的课表里占很大一块。课表里有应用数学和分析，以及代数跟几何，我想是这样的，但几何所占比重非常大。举个例子，有一个人，是个纯粹主义者，他只从两个简单的几何公理出发，看看能证明些什么。当然有时候你还需要其他公理。总体上我喜欢这个课程，虽然不是天天如此。我觉得，看着这些原始的想法发展成几何，是件挺愉快的事。我在那里也学了一些射影几何，深深地影响了我对很多东西的理解。我们说到哪儿了？

H：你在关于 Dirac 的事情里讲到了射影几何，而我认为这应该是来源于你早年的经历吧。而这挺不寻常的，对吗?

P：是的，我抓住了它的尾巴。它们几乎完全从课表中消失了，后来又重新出现过，但已经被当作是非常过时的东西了。即使是去做所谓的代数几何，里面也没有多少你能看见的那种意义上的几何了，所以我并没有深入进去。几何对我来说一直很重要，但更多的是其与物理学有关的方面，比如量子力学和广义相对论里的几何。

第二部分

H：Roger，我们已经谈到，在早期人们还对宇宙学一无所知的时候，你就开始对其进行思考了。现在则完全不同了，这个领域出现了海量的数据，大量的人以各种方式在进行研究。但我感到，你还是认为有些根本性的问题完全没有得到解答，比如宇宙学常数在其中扮演的角色等。那么，讲讲你目前的看法吧。

P：是的，我确实这么认为。我想我思考问题的方式肯定跟别人有些不同吧，因为这些年来我认为很重要的问题，获得的关注都很少。热力学第二定律以及时间的方向这些问题一直令我费解。最主要的是，在考虑大爆炸，就是宇宙的开端的时候，有一个非常显然但又几乎被完全忽视的问题。根据第二定律，熵是随时间增加的，但你反过来逆着时间方向描述的话，事物会变得越来越有序，熵越来越低，最终你会得到什么呢？你当然会得到大爆炸。大爆炸最强有力的证据是什么？当然是来自所有方向的微波背景辐射。很早的时候，COBE 的结果就显示了微波背景的一个特别的性质。你看到的这个漂亮的辐射谱，也就是所谓的 Planck 谱，它意味着你观察的东西处于热平衡态。当然，实际上并不是平衡态，因为宇宙在膨胀，不过就算将这点考虑在内，这个膨胀也不是熵增的，而是绝热的。这就导致了一个悖论，因为当你沿时间回溯，熵应该越来越小，最终会非常小，但实际上，你看到的东西却告诉你熵处于最大值。没有人指出过这是一个巨大的谜团。当然，我倒是说过，但几乎没有其他人了。不仅如此，他们反而说这正是大家所期望的：在标准宇宙学模型中，如果你从完全球形的初始条件出发，就会得到这样的结果。当 Penzias 和 Wilson 看到微波背景辐射后，Dicke 以及其他很多人都说，这正是我们所希望看到的，是大爆炸的闪光。好的，那么熵如何解释？如何说得通?

这情形是有些讽刺意味的。宇宙学上，人们是怎么解 Einstein 方程的呢？自然，你要假设对称性，否则方程太难了没法求解。Friedmann 就是这么做的，他假设宇宙是非常均匀又各向同性的，然后就能解出场方程了。Einstein 起初对此是不太满意的，但不管怎么说，结果是对的。Einstein 虽然同意这其中的数学，但他认为肯定有其他什么地方不对。奇怪的是，这个模型从此就被人们接受了，成了宇宙学的基础。其中用到的惊人的对称性假设不怎么引人注意，但它正是熵为何会处于最低的原因，因为时空中本来可以有的波浪起伏都没出现，而是一开始就被设定为不存在了，否则就没法解方程。人们习惯了根据模型它们就不应该出现的说法，但真是这样吗？所有这些引力场的自由度都本该是可以存在的。为了看出这个假设是多么不一般，你可以想象一个坍缩的宇宙，它具有所有可能的不规则性，所有黑洞凝结在一起，熵升高到令人难以想象的程度。用黑洞熵的 Bekinstein-Hawking 公式，我们可以做出估算。结果会告诉你，我们所置身的宇宙是多么不可思议。

H：我认为，你在微波背景辐射发现之前就有这个困惑了吧，因为你被 Hoyle 的稳恒态模型吸引的原因就是它可以避开 Friedmann 奇点。

P：你知道，我确实认为第二定律与稳恒态模型联系很紧密。我主要关心的问题似乎可以靠这样的图像来解决：氢原子开始均一地分布，然后一块块地坍缩成恒星，导致能量的增长。这主意是对的，但却用在了错误的模型里。均一分布的氢原子在引力的作用下坍缩就产生了炽热的区域。太阳是黑暗天空中的炽热的点，这才带来了地球上的生命。如果整个天空是均一温度的，太阳就没什么用处了，是炽热的太阳与暗冷的天空的结合，才导致了低熵的存在。终归是通过引力造就的。这是关键的一点，我在思考稳恒态模型的时候肯定就想过这个，虽然还不是很具体。

H：Dennis Sciama 考虑过这个问题吗？

P：我不太记得了，但他应该会想到的。我为 Hawking 和 Isral 主编的 Einstein 纪念文集写了一篇长文，内容是关于热力学第二定律的，我不记得在这之前跟 Dennis 讨论过相关问题。那时我还没有后来的一些想法，例如我还不知道用什么来表征大爆炸的特殊性之所在。

H：那来自于你对共形结构的研究吧。这是你早期工作中十分重要的一项，你认为跟后面很多工作一样重要，对吧？

P：有几件事情很早就引起了我的注意，到后来也起了很重要的作用，但我没能早一点看清楚。其中一个是数学方面的。我们谈论四维时空，一维时间和三维空间的时候，会谈到 Weyl 曲率。Weyl 曲率是共形曲率，共形结构告诉你角度或者光锥结构，但不能告诉你怎么区分大小。曲率的这些性质都在 Weyl 曲率里了。除了用来度量共形曲率，Weyl 曲率在某种程度上还可以度量引力的自由度。

当我在考虑如何用旋量写出不同自旋的无质量场的方程时，参考了 Dirac 的做法。他研究无质量场的时候，出于某些原因，采用了很不寻常的做法，我也一直没能完全理解。如果你追随他早年关于无质量场的论文，你会得到以一种特别的方式写出的、包含不同自旋情形的方程。Maxwell 方程需要两个指标，而如果你要考虑引力子方程的话，则要四个指标。都是同一个方程，中微子方程也是其中一个，还有引力场传播的波方程等。

Dirac 话不多，难得能跟他聊上几句。有段时间我跟他同在圣约翰学院，我知道他对广义相对论的量子化感兴趣，就问他可不可以跟他聊一聊。他同意了，我就跟他说了些旋量的东西，给他看一个自旋为 2 的场的波动方程。

H：用的是他教给你的二分量旋量。

P：是的，一点没错，确实是他让我接触到这个的。Dirac 考虑着这个方程，问我这方程从哪里来的，我告诉他是来自 Bianchi 恒等式。他就问我什么是 Bianchi 恒等式。我很惊讶地说“什么，你竟然不知道 Bianchi 恒等式?”我听说他那时正在研究量子化，他显然应该是了解 Bianchi 恒等式的，只是不知道它叫这个名字。

我要说的重点是，在这之后，我发觉这个传播方程使得引力的方程看起来就像是 Maxwell 方程，不过是自旋为 2 或者 1 的。这一点虽然 Pauli 和其他人发现过，但他们的做法不同，看起来非常复杂。而如果你用 2–旋量的方式写出来，这一点就很明显了。然后我开始担心这个方程的共形不变性。我惊讶于这个方程的一个奇怪性质，那就是它在特别的旋量权重（weighting）下的共形不变性。我们已经将 Weyl 曲率解释为共形曲率，所以这就有了另外一个共形的解释。它是共形的量，但权重不一样。这一点引起了我的注意，我感觉到这里应该有些重要的东西，但完全不明白具体是什么。直到好长时间之后，我才意识到这对于世代更迭的宇宙学设想是非常关键的。

H：是的，那我们就来谈谈你近期的想法。

P：好。对大爆炸这个重大问题，在很长时间里我跟其他人一样，认为我们需要量子引力理论才能理解它。这是通常的看法。我们需要量子引力理论，可能是弦论量子引力，或者圈量子引力，这种或那种量子引力，甚至扭量量子引力。但总之都是量子引力。对我来讲，奇点的存在意味着量子引力必须是个有些古怪的理论。你看，研究量子引力理论的原因之一便是要解释大爆炸奇点或是其他的奇点，例如黑洞。但它们本身是完全不同的。人们常说，黑洞有奇点，那么大爆炸也有奇点；反之也是。二者是同一回事，只不过改变了时间的方向。但是不对，它们完全不一样。考虑熵的话，黑洞处的奇点是极其混乱狂野的。Weyl 曲率完全占了主导，狂暴地四处起伏着，全然地疯狂一般。大爆炸则是你想象它有多平静，它就有多平静。我们总感觉大爆炸是很剧烈的一件事，但它其实是十分规矩的，引力的自由度根本就没有被激发。那么什么样的量子引力理论会同时给出这两种完全不同的极端呢：Weyl 曲率在黑洞中占主导，在大爆炸时却似乎为 0，或者至少是可忽略的。那么好了，我的看法就是量子引力理论必须是一个有些古怪的理论，它没有时间的对称性。如果你要寻找一个量子引力理论，你就必须在某些地方引入时间的不对称。

我持有这样的看法，直到大概 9 年前，我有了新的想法。Perlmutter 和 Schmidt 对超新星的距离的观测令人信服地证实了宇宙正在加速膨胀，不过经过了很长时间我才接受了这一点，当然三年也可以说不算很长。宇宙加速膨胀这件事被说得很神秘，被说成是没人理解而且完全出人意料。我要说，去宇宙学的书里找找看宇宙学常数吧，所有的宇宙学的书都写着呢。我不明白他们为什么会认为它很神秘。

H：我想我们得解释一下，这里说的是暗能量，虽然我们认为它既不“黑暗”，也不是“能量”。

P：这是个很差的名字，非常差，但不管怎样人们已经这么叫了。现在很显然的是，它是存在的，完美地契合了 Einstein 1917 年基于错误的理由（在场方程中）引入的项。错误是指，他想要的是静态的宇宙。

H：嗯，对了一半。这不是随便加入的一项，它是你能做的满足协变要求的唯一修正。

P：对，确实不是随便的一项。在不激烈地修改广义相对论的前提下，这差不多是这个理论所允许的唯一变化。在我考虑渐进理论时，我通过将无穷远拉近，使之看起来像是有限的边界的方式来考察辐射，然后就可以利用 Maxwell 方程，或者是引力子的传播方程的共形不变性。这告诉你如何通过观察无穷远来研究辐射场。同时我知道，如果存在正的宇宙学常数，这个边界曲面应该是类空的；如果宇宙学常数为零，则边界曲面为类光；宇宙学常数为负，则边界曲面为类时。幸好宇宙学常数不是负的，因为它会带来各种各样的困难，尽管这对弦理论来说好像不要紧。正的宇宙学常数带来的则是完全不同类别的问题，我曾经也觉得是很坏的，但回想起来它们其实只是很特别。现在看来宇宙学常数为正是十分关键的一点。我想象着遥远的未来会是多么无聊：所有的黑洞最终都因为 Hawking 蒸发而消失了，没有任何有意思的东西留下，直到永远。但对我来说，永远并不是很长的时间，因为我习惯于将它共形收缩了。

H：这就是我所说的，以不止一种方式打败了时间。

P：也对。有一个论证，我总是将它当玩笑一样讲，但它其实是个真正的论证：宇宙变得无比无趣，但也没有任何人去感受这无趣了。剩下的主要光子，显然光子是不会感到无聊的，它们只是径自向前面说的边界冲过去。我脑海中有这幅图像：如果只有无质量的东西，这个边界到处都一样。所以我想到，既然大爆炸也具有类空的边界，为何不将它们捏在一起。这不是个严格的想法，所以我在报告中会小心地事先指出这一点，以免别人说这完全不可接受。一开始我觉得，这个想法是正确的可能性还可以，可能不到百分之五十，但也还不错。

H：是跟 Paul Todd 的工作有关吗？

P：是的，Paul Todd。我有一个假说，仅仅是个假说，那就是 Weyl 曲率可以表征大爆炸。对于像大爆炸一样的初始型的奇点，Weyl 曲率应该是零。但这个结论有点太快了，因为对于奇点，很多事情都不明确。Paul 则用更巧妙的方式表达了这一点：用共形因子将大爆炸“扩张”开来。其实我们经常对 Friedman 模型这么做，是挺标准的做法，但我认为用在大爆炸上还是很重要的一步跨越。Paul 最初的做法使得 Weyl 曲率有限，但不一定为零，但我已经知道，根据我前面所讲的缩放，在无穷远处 Weyl 曲率必定被共形因子缩小到零。将它们接在一起，Weyl 张量便保持为零不变，传播到下一个世代。我开始摆弄这些想法，它们初看完全是疯狂的，但思考得足够多了以后，又显得可能是正确的。

H：这个想法使得我们在 CMB 天空中寻找圆环，它们是我们实际上可以看到的东西，与球面的 Möbius 变换相联系。对于一个理论预测来讲，这真是再美妙不过了。

P：我不是一下就想到这些的。有人问过我，你怎么知道这是对的呢？后来我想，要发生怎样特别剧烈的事件，才会产生能传播到下一个世代的信号？我就想到了超大质量黑洞的碰撞。我们所在的银河系的中心黑洞大概是四百万太阳质量，而仙女座星系的黑洞还要再大几十倍。当两个星系发生碰撞时，它们很可能会捕获到对方，互相绕转，然后“砰”地一下。它们的互相吞没会导致几乎完全是引力波形式的大爆发，这些引力波会传播到我之前所说的无穷远边界上。它们通过边界之后呢？因为标度的原因，在另一边它们不能仍以引力波形式存在，而是必须标度收缩（scale down）成其他形式，方程告诉我们，它们成了新的暗物质。再说一次，这不是个好名字。我在这里所讲的，就是“共形循环宇宙学”框架，或者简称为 CCC，它告诉我们，引力波所含有的信息可以穿过边界，但是是以对原初暗物质的扰动的形式。就是说，引力波会对生成的暗物质有一个“冲击”（kick）。

H：除了对于引力波的这些特征的预测，你还对暗物质究竟是什么也有一个预测，与其他人的很不一样。

P：不错，它们很不一样。我没有大肆宣扬过这些是有原因的。我想称其为暗物质的原初形式，因为它一开始必须是无质量的。但方程也告诉你，它必须长出质量来，而不是一直保持无质量，不然就会产生矛盾。质量必须出现，进而必须与 Higgs 机制等相联系。适当的解释还没有出现，但我认为，我们必须更好地理解粒子物理学：Higgs 机制是如何“知道”早期宇宙中质量的产生与上述方程中质量的出现的关系。

H：这是你思想中的另一个大的领域了：共形对称性是如何以各种方式破缺的。它们可以用扭量几何看得更清楚，更明确。但事情总是有很多不同的方面的。

P：我对此一直有些矛盾的想法。我对宇宙学常数的看法经历过一些变化。我原本以为没有宇宙学常数，所以觉得有某种严格的序列，排列着 Poincaré 群、上同调、旋量理论，等等。但现在有宇宙学常数，就没有了这样的严格序列，而是一些可交换次序的东西。这会改变一个人的想法，对我来说是个很大的转变，所以我花了不少工夫才接受了宇宙学常数。但其实对宇宙学来说，宇宙学常数是至关重要的。没有宇宙学常数，你是没法研究宇宙学的。你必须引入所谓的暗能量，也必须引入所谓的暗物质，因为在进入下一个世代的时候，必定有新的标量物质生成，它们要不至于累积起来，就必须衰变。在宇宙历经每个世代的时候，暗物质都会衰变，这一点据我所知有一些比较弱的证据，但我不知道在多大程度上该相信它们。

H：我明白，它们可以存在一段时间，但最终必须要衰变。

P：必须要衰变，否则它就会累积起来，然后一个世代接着一个世代地累积，作为波传播下去。有一些不是很强的衰变证据，我听说过两个。其中一个来自 Steven Weinberg 的讲座，他似乎表示暗物质在早期宇宙中的比例要高于现在的比例。这些都不一定是正确的，被我取用是因为它们有几分契合我的想法。我听到的另外一个证据是，在星系中心附近观测到了正电子。

H：这些正电子是暗物质的衰变产物?

P：是有这种观点，或者说有好些观点，认为那可能是暗物质的衰变产物。我说不准。

H：它们没有直接变成光子。

P：对，不直接变成光子，但最终应该还是会的，我对此没有很强硬的观点。最近还有另外一件事，它或许可以解释很多东西，更棒的是它还会跟稳恒态模型相抵触。Bondi 曾说过，稳恒态模型最棒的地方就在于它是可以被违背的。它当然是可以被违背的，只是需要我们去寻找这样的例子。2014 年 3 月 BICEP2 发布了观测结果，声称其中有暴涨的决定性证据。我还没提到暴涨，但我要说，我的 CCC 模型里是不能有暴涨的，因为它会破坏很多东西。暴涨是宇宙极早期发生的指数性的增长，最初提出的理由是它事关宇宙的均匀性。我认为这是不对的，因为只有当一开始均匀性就存在的时候，这办法才能奏效，但宇宙一开始并不是均匀的。通过一个一般性的论证就能确信这一点。不过 Alan Guth 提出的理由支持了暴涨理论的发展，其中一点是有关微波背景辐射中温度涨落的标量不变性。如果没有暴涨，就得另找理由解释这一点。因此对我来讲，在某种意义上暴涨是存在的，不过它是指宇宙前一个世代的指数性的增长。在多年之前，有人提出过类似的想法。我想这不是个坏主意。

H：但是暴涨现在有了更强的证据支撑了，人们对其期望很高。

P：他们声称看见了光子的 B 模偏振，这也许真是正确的。结论的前提是，你看见的这些不能来自于纯粹的电场，必须还要有磁场存在。Paul Todd 2014 年早些时候跟我谈起过原初磁场的生成问题，在通常的宇宙学模型里它们从何而来是个难题。你很明显地看见，磁场存在于星系之间的空旷中，但它们到底是怎么出现的呢？一般观点认为，它们肯定是从大爆炸一开始就在那里了，这样一来就有了 B 模偏振。这里的关键不在于 B 模是暴涨的决定性证据，而在于说明了原初磁场的存在。根据 Paul 给我的建议，这些原初磁场可以与 CCC 框架相容，因为本身有磁场附着在星系团上，世代交替界面上与星系团接触的位置便会留下磁场。当我最近听到大家都在讲 B 模偏振似乎证实了暴涨理论时，我是有些惊慌的，因为这会否定掉 CCC。由于诸多原因，暴涨理论跟 CCC 是不相容的。然后我就想，也许声称看到的这些东西确实就是该出现呢。

我的同事 Vahe Gurzadyan 最先发现了微波背景辐射中同心圆结构的证据。当星系团中发生黑洞碰撞的时候，会“砰”地一下产生一个圆环，不久之后，又“砰”地一下产生另一个圆环。它们总是同心圆，原因是它们的中心点肯定是星系团的最终位置。他看到了至少三个圆环，沿着圆环的温度变化与平均值相比明显要平缓一些。他还声称观测到了圆环结构在整个天空范围内如何变化的迹象，有些位置很多，有些位置则几乎没有。当我听到 B 模偏振被观测到的消息后，就给他发了 E-mail，问他“你所说的结构出现在什么位置？能指出具体位置吗？”他在 Planck Map 上画了个圈，告诉我“就在这里”。我看着他的图，但什么也没发现。我想，这太糟了。Planck 的数据是近期的，而他做出发现时用的是以前 WMAP 的图，所以我回头去看 WMAP，在同样的位置，在正中间明白无误地有三个圆环。我给他发了 E-mail，问他我为什么在 Planck 的数据里看不到。他让我在稍低一些的信号上去找，然后我就看见了，它们准确无误地出现在那里。此外，如果 B 模真的是磁场，而且这些圆环的确来自上一个世代的星系团，根据几何考虑，它们必须在边缘，在过去光锥与星系团的交汇处，进而它们的温度必须是平均值。离我们远的那些，信号朝我们冲过来，所以温度高一些；近处的那些，信号在远离我们，所以温度低一些。刚好在边缘的那些就会是平均温度。我看着这些圆环，它们的颜色是绿色，说明它们正在中间。这是件令人兴奋的事情，看来我们可以对能看见 B 模的具体位置做出一些预测。当然，我们早就做出预测了，不过那时还没有 Planck 的数据。如果这是正确的，该算是 CCC 构想的第二个可观测的性质了，但连第一个都几乎没有人注意到，它差不多是完全被忽视了。

H：2013 年 9 月这一点又得到了令人兴奋的证实。

P：是的。Krzysztof Meissner 作了一个精彩的报告，他也发现了这些圆环的显著证据。给出的分析和解释与 Vahe Gurzadyan 的很不一样，但看到的是同样特征的东西。但是又一次地，这些也没有得到什么关注。

H：进入下一个话题吧，关于你的预测。你对大脑的生物学结构对量子力学的依赖的证据是怎么看的？

P：最近是有不少有趣的事情出现。首先，我说明一下，在我写《皇帝新脑》这本书的时候，是希望在书的最后部分，我能对量子力学如何与大脑活动相关有所领悟，但并未如愿。我算是挖下了一个大坑，不过它还是产生了一些有益的结果。我原本是想让这本书激发年轻人去做物理，但给我来信的却多是年长退休人士，或是处于这个话题的另外一端的人，比如 Stuart Hameroff。他看了我的书，然后在信中说："你可能不知道微管这种东西吧！"出于我的无知，我那时还真没听说过微管。它们一般在细胞中起着各种各样作用，在染色体分离的时候，就是微管在进行牵引。但至少据 Stuart Hameroff 所说，它们在大脑意识方面扮演特殊角色。作为麻醉师，Stuart 的专业工作是使人入睡。但跟他的多数同事不同，他不只关心让人睡着，他还关心自己归根结底是做了什么才让人睡着的。他告诉我现在有很好的证据表明，通常的麻醉剂会直接作用于微管，证实了他一直持有的猜测。

这些纳米尺度的微管存在于几乎所有的身体细胞，包括神经元里。我们的论断是，它们在神经元中所起的作用有所不同，并且对意识的存在有至关重要的作用。有一些实验可以追踪意识出现的位置，也就是脑部的哪些部位参与了意识活动。对于从计算角度对意识的解释，有一个问题困扰了我很长时间，那就是小脑占有着脑部大概一半的神经元，而且其中神经元的连接远多于大脑皮层，但小脑似乎全无意识，大脑才是意识的源头。新的发现跟锥体细胞（Pyramidal Cell）有关，这名字大概是因为其金字塔状的外形。它们不存在于小脑中，而是存在于脑部其他位置，并且所在位置被确认为意识的主要源头。另外，它们含有丰富的微管。这个有趣的进展，某种程度上改变了整个图景。小脑为何不是意识的源头是我一直关心的问题，而它不含锥体细胞可能就是问题的关键。另外一个重要的进展来自于印度学者 Anirban Bandyopadhyay 与同事在日本所做的实验。实验内容是测量单个微管对特定频率的阻抗。他们发现，微管在某些特殊频率下的导电性极好，与经典情况下的导电性很不一样。

你看，我认为不仅量子力学在这个问题中扮演了某个角色，还得有超越量子力学的过程的参与。我这观点的来源是挺复杂迂回的。人们通常认为大脑里湿乎乎乱糟糟的，量子力学相干性怎么在其中存在呢？但我说不仅有这个层次的过程，还有更深层次的，对标准量子力学的偏离。这简直耸人听闻嘛。但我的理由来自 Godel 定理，它似乎表明我们的理解能力并不是某种纯粹的计算性质。这是很有趣的，Turing 早年似乎也关心过。

H：我想他会很关心这些问题，比那些追随他的计算模型的人要关心得多。

P：他写过关于序逻辑（ordinal logics）的论文，想要超越系统的限制。

H：我觉得很难说。在战时，他的心思主要在对计算的方法的研究上，他要探索其极限。但物理学是量子力学的这一事实确实烦扰过他。

P：通常认为，你可以将计算精确到任意程度，用类似 Turing 给出的那个论证就可以证明。但在量子力学中，Schrödinger 方程只能提供概率性的结果。你必须要进行测量。

现在，更有趣的是，不仅有 Bandyopadhyay 的实验表明微管中有显然是非经典的过程存在，还有其他一些类似的生物学上的发现。如何用量子力学解释它们？人们甚至都还不知道怎么合理解释高温超导，所以说需要理解的东西还多得很。我们发现了光合作用涉及了纠缠，本质上的量子力学效应，还有鸟类利用磁场进行导航。这些事情似乎提醒我们，有更多生物学上的现象是不能单单用经典理论解释的。当然生物上用到的化学已经是量子力学化的了。

我认为，要在足够多的神经元中存在量子力学相干，以允许足够的质量偏移（mass displacement）。理由是 Diósi 和我基于不同的动机分别提出的：在处于量子叠加态时，如果有足够的质量偏移，就会回到经典情形。大多数研究量子力学的人都很不赞成这一点，因为他们认为量子力学是在所有层面都成立的。不过，迄今为止的实验都还没能探索到我们所谈到的这个方面，所以还有很多实验可以期待。

H：Roger，非常感谢你能参加这次谈话。时间，时间又一次显示了它是主宰者。

P：不必谢我，谈论这些东西对我来说总是很愉快的事情，可以回顾很多的想法。

H：也能启发一些看了这个访谈的人的思考吧。

P：那样的话就太好了。

H：谁知道呢……

编者按：本文根据访谈视频 Oxford Mathematics Interviews：“Extra Time：Professor Sir Roger Penrose in conversation with Andrew Hodges”整理翻译而成，网址如下：

http://www.maths.ox.ac.uk/node/910

广义相对论百年历程

爱因斯坦与广义相对论的创建

——纪念广义相对论发表 100 周年

赵　峥

赵峥，曾任北京师范大学研究生院副院长、物理系主任，中国引力与相对论天体物理学会理事长，中国物理学会理事。现为北京师范大学物理系教授、理论物理博士生导师、教育学博士生导师，《大学物理》杂志顾问。

1. 狭义相对论的困难

爱因斯坦的狭义相对论发表之后，受到学术界的高度赞扬，同时也出现了一些批评的声音。爱因斯坦知道，这些批评意见主要是由于没有弄懂相对论所致。那些人批评的问题其实都不是问题。那么，他的相对论到底有没有问题呢？爱因斯坦很清楚，有问题，而且有严重问题，但不是那些批评者所说的问题。[1−6]

首先，惯性系现在无法定义了。相对论就建立在惯性系的基础之上，这个基础却不能定义了，这当然是严重问题。

在牛顿理论中，不存在这个问题。牛顿一开始就断言存在一个绝对空间，凡是相对于绝对空间静止或做匀速直线运动的参考系就是惯性系。相对论认为不存在绝对空间，当然也就不能像牛顿理论那样定义惯性系了。

爱因斯坦反复考虑，始终得不到满意的结果。一个似乎可行的办法是用牛顿第一定律来定义惯性系。即，如果一个参考系中不受外力的物体，保持静止或匀速直线运动的状态不变，这个参考系就可以定义为惯性系。但是，什么叫“不受外力”呢？一个不与其他物体接触的物体，还不能说没有受到外力，因为还可能有电磁力、万有引力等看不见的力作用在它上面。定义“不受外力”的严格方法只能是：在惯性系中，这个物体保持静止或匀速直线运动的状态不变。明眼人立刻可以看出，这样的定义方法是不行的，定义惯性系要用到“不受外力”的概念，定义“不受外力”又要用到惯性系的概念，这里存在逻辑循环，这样的定义方法不能采用。

除去定义惯性系的困难之外，还存在万有引力困难。当时只知道两种力，一种是电磁力，另一种就是万有引力。麦克斯韦的电磁理论与相对论相容，但万有引力定律却纳不进相对论的框架。爱因斯坦做了不少尝试，都失败了。已知的两种力就有一种与相对论不相容，这可是个严重问题。

2. 广义相对性原理

在对上述两个困难反复思考后，爱因斯坦的思想产生了一次飞跃。他想，既然惯性系无法定义，可不可以干脆不要“惯性系”这个概念。

提出“惯性系”的概念，主要是为了描述物理规律方便，特别是为了体现自然界中的物理规律具有普遍性，这种普遍性通常用“相对性原理”来表述。相对性原理是说：“在所有惯性系中，物理规律都相同。”

爱因斯坦想，可不可以把相对性原理加以推广，认为物理规律在所有参考系中都相同，不再区分惯性系和非惯性系。这样就可以不用惯性系这个概念了，当然也就不再需要定义惯性系了，这样就避开了定义惯性系的困难。

他把这样推广的相对性原理，称为“广义相对性原理”：物理规律在所有参考系中都相同。[1–8]

做这样的推广虽然避开了定义惯性系的困难，但却产生了一个新困难。非惯性系与惯性系不同，位于其中的物体会受到惯性力。例如转盘上的物体会受到惯性离心力，在转盘上运动的物体还会受到科里奥利力。惯性力与普通的力有本质不同，它不需要外界施于，也不存在反作用力。所以，如何看待非惯性系中的惯性力，也是个不好办的问题。

3. 引力质量与惯性质量

在对引力困难和惯性力困难反复思考后，爱因斯坦注意到引力和惯性力有一点相似，就是二者都与物体的质量成正比。[4–6]

在牛顿力学中，质量有两种定义，一种是用引力效应定义的，另一种是用惯性效应定义的。

牛顿在他的巨著《自然哲学之数学原理》中，一开始就对质量下了一个定义。[9] 他说，质量就是“物质的量”，它与物体的重量成正比。这种反映物体中所含物质的多少，并规定为“与物体重量成正比”的质量，被称为引力质量。在此书的另一个地方，他又谈到质量与物体的惯性成正比。也就是说，质量越大，物体的“惯性”就越大。这样定义的质量被称为惯性质量。引力质量 m_g 出现在万有引力定律中，惯性质量 m_I 则出现在力学第二定律中，分别如（1）式与（2）式所示：

$$F = G\frac{Mm_g}{r^2}, \tag{1}$$

$$F = m_I a. \tag{2}$$

牛顿本人意识到，没有理由认为这两种质量是同一个东西。他曾用单摆实验来检测二者是否有差异。

大家熟知的单摆周期公式为

$$T = 2\pi\sqrt{\frac{l}{g}}, \tag{3}$$

其中 l 为摆长，g 为当地的重力加速度。这个公式是把万有引力定律和力学第二定律联立而得到的。但推导得出的原始公式并不是（3）式，而是（4）式

$$T = 2\pi\sqrt{\frac{m_I l}{m_g g}}. \tag{4}$$

牛顿想，可以用各种物质成分的小球（例如铁球、金球、玻璃球、石头球等）作摆锤，来检验一下各小球的 m_g 与 m_I 之比是否为同一个常数。如果是同一个常数，则可以把此常数吸收到万有引力常数 G 中去，重新定义 G 值，并使 m_g 与 m_I 之比等于 1。也就是说，只要各小球的 m_I 与 m_g 之比为同一个常数，就等于证明了

$$m_g = m_I. \tag{5}$$

所以只要检测一下各种小球做成的单摆是否周期相同就行了。牛顿在 10^{-3} 的精度范围内证明了（5）式成立，也即在千分之一的精度范围内证明了引力质量与惯性质量相等。这也就是后人把单摆周期公式直接写成与质量无关的（3）式的原因。

牛顿之后，继续有物理学家对（5）式是否成立做更精确的检验。在爱因斯坦那个时代，匈牙利物理学家厄缶（Etvös）用扭摆在 10^{-8} 的精度范围内证实了（5）式，即证实了引力质量与惯性质量相等。[4–6]

4. 惯性力的起源——水桶实验

爱因斯坦在回顾了上述研究后，觉得引力与惯性力的背后可能存在某种内在联系。但是，惯性力与引力有一个本质不同，引力起源于物质间的相互作用，但惯性力似乎并不起源于物质间的相互作用，而且惯性力与所有力都不一样，似乎没有反作用力。

这时爱因斯坦回忆起他在“奥林匹亚科学院”的活动中，曾和朋友们一起读过奥地利物理学家马赫的一本书——《力学史评》。这本书曾使他大感兴趣，并反复琢磨。

马赫持“相对主义”的哲学观点。他认为一切运动都是相对的，不存在绝对运动，牛顿设想的“绝对空间”和“绝对时间”都不存在。

当年，牛顿为了论证“绝对空间”的存在，曾设计了一个思想实验——“水桶实验”。[4–9] 牛顿设想有一桶水（图 1）。首先让桶和水都静止，如图 1 中的（a）图，这时水没有受到惯性离心力，水面是平的。然后让桶以角速度 ω 转动，由于水与桶壁的摩擦力很小，刚开始时桶转水不转，这时水面仍是平的，表明水没有受到惯性离心力（图 b）。此后水慢慢被桶带动起来，逐渐也以角速度 ω 转动，这时水受到了惯性离心力，水面变成了凹形（图 c）。然后让桶突然停止，由于桶壁摩擦力小，水不会马上停下来，仍以角速度 ω 转动，这时水面仍是凹的，这表明水仍受到惯性离心力（图 d）。

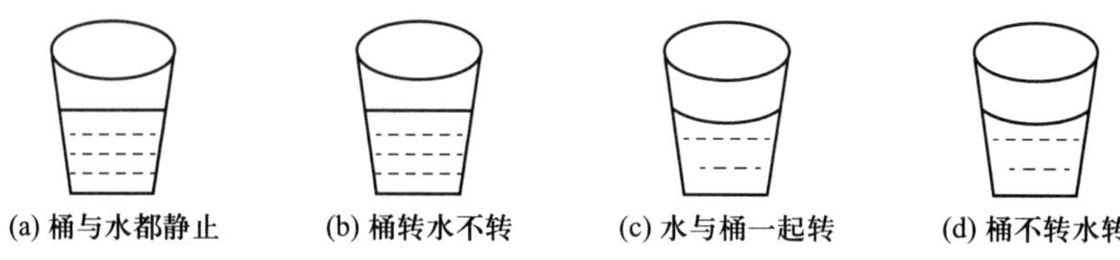

图 1　水桶实验

牛顿说，第一种情况水与桶都静止，当然水相对于桶也静止，这时水面是平的。第三种情况水与桶都以角速度 ω 转动，水相对于桶仍是静止的，然而水面呈现凹形。这两种情况水相对于桶都静止，显然第一种情况水没有受到惯性离心力，第三种情况水却受到了惯性离心力。再看第二种与第四种情况：第二种情况桶转水不转，第四种情况桶不转水转，虽然这两种情况水相对桶都转，但第四种情况水受到了惯性离心力，第二种情况却没有。牛顿通过上述分析，断定水受不受到惯性离心力，与水相对于桶的转动无关。那么，与什么有关呢？牛顿认为，这表明存在一个“绝对空间”，只有相对于绝对空间的转动才是真转动，才会受到惯性离心力。如果只是相对于某个物体（例如桶）转动，相对于绝对空间并不转动（如情况二），则不会受到惯性离心力。牛顿认为，水桶实验表明，确实存在一个绝对空间，他并断言，转动应该看作绝对运动。推而广之，只有相对于绝对空间的加速，才是真加速，才会受到惯性力。如果只是对其他物体加速，并未对绝对空间加速，这样的加速只能看作假加速，做假加速的物体不会受到惯性力。这样，牛顿论证了绝对空间的存在，并认为惯性力的起源与绝对空间有关。

5. 马赫原理

马赫认为不存在绝对空间，那么他必须对牛顿的水桶实验和惯性力的起源给出一个合理的解释。马赫认为一切运动都是相对的，惯性效应起源于物体间的相互作用，起源于它们之间的相对加速。[1–8]

图 1 中（c）、（d）两种情况，水受到惯性离心力。马赫认为这是由于水

相对于宇宙中所有物质转动而引起的，这些物质主要存在于遥远星系中。由于转动和其他运动一样，完全是相对的，所以这也相当于水不动，整体宇宙中的物质（包括遥远星系）反向转动。在反向转动中所有这些物质对水施加的影响，表现为惯性离心力，从而使水面呈现凹形。

（a）、（b）两种情况，水相对于遥远星系没有转动，所以未受到来自遥远星系施加的影响，也即未受到惯性离心力。在情况（b）中水相对于桶是有转动的，但桶的质量与全宇宙所有的物质（主要是遥远星系）相比，完全可以忽略，桶相对于水转动产生的影响当然也就可以忽略不计。

所以，马赫认为，惯性离心力产生于遥远星系相对于水转动时施加的影响。包括惯性离心力在内的所有惯性力都起源于物质间的相互作用，这种相互作用是物质间做相对加速运动而引起的。

爱因斯坦赞成马赫的观点，认为不存在绝对空间，所有的运动都是相对的。他把马赫的思想总结升华为“马赫原理”，按照这一原理，惯性力起源于受力物体相对于宇宙中其他物质的加速，正是这种“相对加速”使受力物体与宇宙中的其他物质产生了相互作用，这种相互作用就表现为惯性力。

爱因斯坦看到，按照马赫的思路，惯性力与万有引力类似，都起源于物质间的相互作用。于是他进一步猜测，惯性力与万有引力可能有着相同或相似的根源，二者可能存在更深刻的内在联系。

6. 等效原理

爱因斯坦反复思考引力质量与惯性质量的相等，以及万有引力与惯性力的相似。一天，他的思维突然产生了一次飞跃。当时他正坐在发明专利局的办公桌旁，他突然想到，假如有一个人从高处落下，这个人一定会感受不到自己的重量，会处在失重状态。爱因斯坦后来回忆，正是头脑中的这一火花，把他引向了等效原理，并进而引向了广义相对论的构思。[1−8, 10−12]

爱因斯坦的等效原理认为，万有引力和惯性力在无穷小的时空范围内是不可区分的。他用一个思想实验来说明等效原理，这个思想实验就是所谓“爱因斯坦升降机”（升降机就是电梯）。

如图 2 所示，有一个人位于封闭的升降机内，看不到外面。他站在一个磅秤上，手拿一个苹果。当升降机停在一个星球的表面上时，这个人感受到重力，磅秤上显示出他的重量。他一松手，苹果就会在重力作用下做自由落体运动（图 2（a）左图）。如果升降机并未停在星球表面，它处在远离引力场的星际空间中，但升降机下部安装了火箭发动机，发动机使升降机以加速度 a 运动。这时升降机中的人同样会感受到重力，感觉到自己有重量，一松手苹果也会按自由落体规律下落（图 2（a）右图）。人的感受与升降机静止

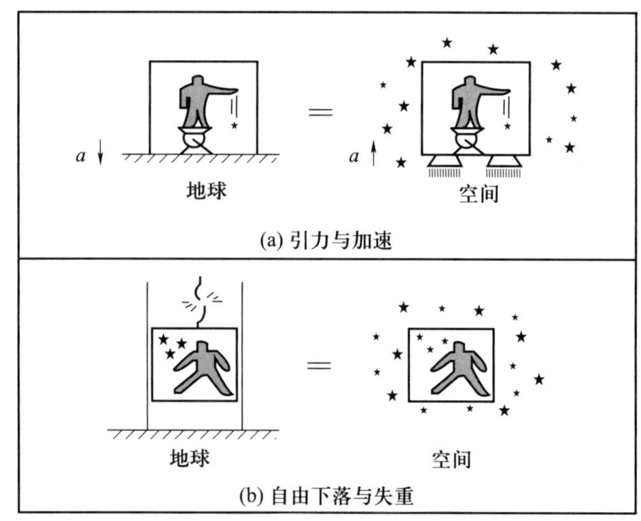

图 2　爱因斯坦升降机

在星球表面时完全一样。由于他看不见外面，他无法判断升降机究竟是静止在星球的表面上呢，还是在远离星球的无引力场空间中加速呢？爱因斯坦认为，升降机中的人完全无法区分自己受到的是万有引力还是惯性力。

图 2（b）的左边，表示升降机的缆索断了，它在重力场中自由下落，这时其中的人将感到失重。该图的右边则表示升降机在远离所有星体因而不存在万有引力的星际空间中做惯性运动，即静止或做匀速直线运动。这时里面的人也会感到自己失重。在上述感受到失重的情况下，升降机中的人也将无法判断自己是在引力场中自由下落呢，还是在无引力场的太空中做惯性运动呢？

爱因斯坦用这个思想实验来说明，引力场和惯性场是等效的。

7. 注意："等效"只在一点的邻域

不过应该说明，引力场与惯性场的等效是"局域"的，也就是说这种等效只在无穷小的时空范围内成立。[4–8] 如果升降机足够大，里面的人还是能够区分自己受到的力究竟是万有引力还是惯性力。此时，人可以在升降机地板的每一处放一个重力仪。如果升降机停在星球表面，重力仪显示的力线应该是会聚的，指向星球的球心。如果升降机是在无引力场的太空中加速，则力线应该是平行的。所以只要升降机有一定大小，重力仪又足够精确，引力和惯性力的差异就可以检测出来。因此，严格地说，引力场与惯性场的等效是"局域"的，也就是说，等效原理只在无穷小的时空范围内成立，是一个局域性的原理。

我们有时会听到一些反对等效原理的声音，这些声音的发出者大都没有弄清楚等效原理是一个“局域”性的原理，他们在一个有限的时空区域内“发现”引力场和惯性场可以区分，以为发现了爱因斯坦的“错误”。其实，这不是爱因斯坦的错误，而是反对者误解了“等效原理”。

8. 等效原理与 $m_g = m_I$

等效原理可以分为弱等效原理和强等效原理。[4–6]

弱等效原理：无法用任何力学实验在无穷小时空范围内区分引力场和惯性场。

强等效原理：无法用任何物理实验在无穷小时空范围内区分引力场和惯性场。

后来的研究表明，弱等效原理和“引力质量与惯性质量相等”是等价的，二者可以互相推出。由于 $m_g = m_I$ 有很强的实验基础，目前已在 10^{-12} 的精度范围内得到验证，所以弱等效原理得到了强有力的实验支持。

强等效原理没有如此精密的实验基础，但在使用中也没有发现过任何问题。

值得注意的是，作为广义相对论理论基础的是强等效原理，仅仅弱等效原理是不够的。所以，我们也可以反过来认为，广义相对论的任何成功，都可以看作是对强等效原理的支持。

9. 思想的飞跃：万有引力莫非是几何效应?

等效原理揭示引力效应与惯性效应之间确实存在本质联系。[6–8, 10–12]

伽利略的自由落体定律告诉我们，在真空状态下，引力场中自由下落的各种小球，不管它们的物质组成（例如金球、石球还是木球），也不管它们的质量大小，下落规律都是相同的。

推而广之，设想若干在真空引力场中做斜抛运动的小球，只要它们抛射的角度相同，离开弹射器时的初速也相同，那么不管它们的物质成分和质量大小如何，它们也将描出同样的轨迹。

我们知道，通常一个物体在外界环境中受到的外力大小，往往与物体的物质成分、物理状态有关。例如，一个物体在电磁场中受到电磁力的大小，与它是金属还是非金属，是否带电，带电多少等有关。而且，不同物体在同一个电磁场中的运动轨迹，不仅与物体的物理成分及状态有关，也与它们的质量大小有关。

但是引力场中的小球运动居然与这些物理因素都无关，这是怎么回事呢?实在是太神奇了。

爱因斯坦意识到，万有引力不是一般的力，与我们通常熟悉的所有的力都不同。这是一种极为特殊的力。

爱因斯坦反复思考这个问题，突然眼前一亮：万有引力莫非是一种“几何力”？莫非真如黎曼的推测，真实的空间可能是弯曲的？万有引力莫非是空间弯曲导致的几何效应？

爱因斯坦回忆起，在“奥林匹亚科学院”的活动中，他们几个年轻人曾一起读过数学大师庞加莱的科普著作《科学与假设》。[13] 在那本书里，他们曾读到罗巴切夫斯基、鲍耶和黎曼等发现的非欧几何，这一几何描述弯曲的空间。黎曼等数学家曾推测，真实的空间有可能不是“平”的，而是“弯”的，而且真实的空间有可能不是三维的，而是四维的，甚至更高维的。该书的内容曾使这几个年轻人一连几个星期兴奋不已。

现在，爱因斯坦看到，黎曼等人的数学结果竟然与自己当前研究的物理问题有关，这太让人兴奋了。

但是，爱因斯坦对非欧几何了解甚少，于是他求助于自己的老友格罗斯曼。格罗斯曼当时已是苏黎世工业大学的数学系主任了，他立刻放下手中的工作，再次为自己这位杰出的好友帮忙。他查了几天文献，然后告诉爱因斯坦，有几个意大利数学家正在研究和发展黎曼几何，他建议爱因斯坦沿这条路走下去。为了进一步帮助爱因斯坦，格罗斯曼开始与爱因斯坦一起钻研黎曼几何，这大大加快了爱因斯坦掌握黎曼几何的速度。

10. 对新理论的构想

爱因斯坦的狭义相对论发表后，曾引起他大学时代的数学老师闵可夫斯基的兴趣。1907 年，闵可夫斯基把时间看作第四维空间，用四维时空的模式重新表述了狭义相对论，使这一理论更加简洁、优美。爱因斯坦对自己老师的这一贡献大加赞扬，开玩笑说“你这样一搞，我都看不懂自己的相对论了”。

现在，当爱因斯坦猜测万有引力可能是一种几何效应，可能是空间弯曲的表现时，闵可夫斯基的四维时空观念派上了用场。爱因斯坦想，万有引力不会只是三维空间弯曲的效应，而应该是四维时空弯曲的反映。他推测，物质的存在造成了四维时空的弯曲。

爱因斯坦认为，由于万有引力只是时空弯曲表现出的几何效应，所以不应该把万有引力看作真正的力。单纯在万有引力作用下的质点运动，例如行星绕日运动、地球上的自由落体运动，都应该看作是不受外力的惯性运动。做惯性运动的“自由”质点，当然应该沿时空中的“直线”行进。

弯曲空间中虽然没有通常意义下的直线，但有直线的一种推广形式——

短程线（又称测地线）。在黎曼几何中，短程线就是两点连线中最短的一条。这与平直时空中直线的定义是一致的。欧几里得几何中的直线就定义为两点间的最短连线。这就是说，在弯曲时空中，自由质点应该沿短程线运动。

爱因斯坦觉得，建立新理论的关键是寻找两个方程。一个是物质如何决定时空弯曲的方程，他称其为场方程。另一个是不受外力的自由质点在弯曲时空中做惯性运动的方程，他称其为运动方程。[1−8]

爱因斯坦在格罗斯曼的帮助下，很快掌握了黎曼几何的基本知识，并投入了寻找场方程的努力。这一工作耗费了爱因斯坦很大的精力和漫长的时间。他设想，方程的左端应该是描述时空曲率的项，右端应该是描述物质存在状态的项：

$$\text{时空曲率} = \text{物质分布}.$$

右端的物质项用时空中能量和动量的分布来表述，其形式比较容易猜测，爱因斯坦很快就写了出来。左端的曲率项的形式却很难猜想，他在格罗斯曼的帮助下尝试了两年，也没有找到正确的形式。

1915 年，爱因斯坦移居德国，得以与著名数学家希尔伯特交往。他在与希尔伯特几次讨论后，当年底就写出了场方程左端的正确形式，从而得出了完整的场方程，并用此方程解释了水星轨道近日点的进动，终于建立起了他的新理论——广义相对论。[14,15]

11. 爱因斯坦与希尔伯特的合作与竞争

在广义相对论诞生前后的几个月内，爱因斯坦与希尔伯特之间既进行了合作探讨，又产生了竞争。[14,15] 在与爱因斯坦的讨论中，希尔伯特对爱因斯坦的新理论产生了兴趣，他也开始寻找场方程的正确形式。希尔伯特不愧是数学大师，他很快赶了上来。在爱因斯坦把自己的最终论文投给杂志社的同时，希尔伯特也投了稿。

爱因斯坦的稿件是 1915 年 11 月 25 日完成并投稿的，发表于当年的 12 月 5 日。希尔伯特的稿件是 1915 年 11 月 20 日完成并投稿的，发表于 1916 年 3 月 1 日。

希尔伯特论文的发表时间比爱因斯坦晚，但投稿时间比爱因斯坦早。应该说明的是，爱因斯坦的论文中包括了场方程的正确形式，希尔伯特的稿件中最初没有给出场方程。不过，在爱因斯坦的论文刊出后，希尔伯特在对自己稿件的清样做修改时，加上了正确的场方程。希尔伯特是在看到了爱因斯坦的论文之后，才明确写出场方程的，而且他对场方程右端物质项的理解有错误。

此外，爱因斯坦在自己的论文发表之前，就用场方程得出了水星轨道近日点进动的正确值，并写信告诉了希尔伯特，希尔伯特还回信对爱因斯坦表示了祝贺。

虽然二人在广义相对论的发现权方面有过小的误会，但希尔伯特很快就表示：爱因斯坦是广义相对论的唯一创建人。

爱因斯坦在创建广义相对论的道路上有过多次物理思想的重大创新。[1–8, 12, 14–16] 他于 1905 年开始研究万有引力，1907 年提出等效原理，1911 年得出光线在引力场中弯曲的结论，1913 年与格罗斯曼一起把黎曼几何引进新理论的研究，并于 1915 年底最终完成了广义相对论的创建。

应该强调的是，猜测到万有引力是一种几何效应，是时空弯曲的表现，这一点是非常难得的。所以，爱因斯坦后来曾经自豪地说："狭义相对论如果我不发现，5 年之内就会有人发现；广义相对论如果我不发现，50 年之内也不会有人发现。"

希尔伯特是在 1915 年才开始参与新理论研究的，他对新理论的物理本质的理解不如爱因斯坦，而且他的物理思想还受到米（G. Mie）的理论的干扰。这位叫米的学者提出了一种电磁与物质关系的场论，这一理论当时很时髦，但后来被证明是错误的。

然而，也必须说明，希尔伯特与爱因斯坦的讨论，特别是对于变分理论的讨论，肯定对后者找到场方程的正确形式有启发和帮助，否则不会在几次讨论之后，爱因斯坦就得到了几年没有找到的场方程。[7, 14]

所以，虽然广义相对论是爱因斯坦一个人创建的，但是希尔伯特对他的帮助也是难能可贵的。如果没有希尔伯特在数学上的帮助，也许广义相对论的建立还要推迟一段时间。应该说明的是，他们二人由于误会产生的小矛盾很快就化解了，此后二人一直是要好的朋友。

12. 场方程与运动方程

爱因斯坦得到的场方程的正确形式为 [2–6]

$$R_{\mu\nu} - \frac{1}{2}g_{\mu\nu}R = \kappa T_{\mu\nu}, \tag{6}$$

方程左端表示时空曲率，右端表示物质能量与动量的分布。式中 $R_{\mu\nu}$、R 和 $g_{\mu\nu}$ 都是与时空曲率有关的函数；$T_{\mu\nu}$ 表示能量、动量。常数 κ 为

$$\kappa = \frac{8\pi G}{c^4}, \tag{7}$$

其中 G 为万有引力常数，c 为真空中的光速，π 为圆周率。从此式可以看出，κ 不是什么新常数，只是我们熟悉的常数的组合。

场方程是广义相对论的基本方程，又称为爱因斯坦方程，描述物质如何决定时空弯曲。

广义相对论的另一个重要方程是运动方程。爱因斯坦设想此方程应该表述不受外力的自由质点在弯曲时空中的运动，因为万有引力不算力，运动方程描述的应该是质点的惯性运动，当然应该沿短程线（测地线）跑。数学家们早就得出了黎曼时空中的短程线方程 [2–6]

$$\frac{d^2x^\alpha}{ds^2}+\Gamma^\alpha_{\mu\nu}\frac{dx^\mu}{ds}\frac{dx^\nu}{ds}=0, \tag{8}$$

式中 x^α 为坐标，s 为短程线的线长。$\Gamma^\alpha_{\mu\nu}$ 称为联络，它是一个与时空弯曲有关的函数。爱因斯坦就把黎曼几何中的短程线方程引用过来，作为广义相对论的运动方程。所以，给出运动方程并没有耗费爱因斯坦多少时间。

需要说明的是，广义相对论用的几何与最初的黎曼几何有差别，本质上是一种伪黎曼几何。在伪黎曼几何中，“短程线”可能是两点间最短的一条，也可能是最长的一条。所以广义相对论中的短程线是两点间长度取“极值”的线，它可能是两点间最短的一条线（取极小值时），也可能是两点间最长的一条线（取极大值时）。

一开始，爱因斯坦认为广义相对论的基本方程有两个：场方程（6）和运动方程（8）。20 世纪 30 年代，爱因斯坦和苏联科学家福克分别独立证明了运动方程可以从场方程推出，所以广义相对论的基本方程只有一个，那就是场方程。[6]

在证明过程中，他们还得到一个副产物：在广义相对论中引力质量 m_g 和惯性质量 m_I 是同一个东西。[6]

13. 如何理解时空弯曲

一个人手托一个物体让它不动，在牛顿力学看来，物体之所以不动，是因为物体所受的万有引力与手托它的力平衡，合力为零，所以它处在惯性状态（静止）。人一松手，物体就自由下落，牛顿力学认为这时物体在万有引力作用下做匀加速直线运动。

从广义相对论看来，万有引力不是力。手托着不下落的物体只受到一个外力：人用手托它的力。它虽然静止，但由于受到外力（托力），所以并不是处在惯性状态。人一松手，物体开始匀加速下落。由于万有引力不是力，所以下落物体并未受到任何外力，它的运动属于惯性运动。所以自由落体运动是弯曲时空中的惯性运动。[7, 8]

牛顿力学认为，行星绕日的运动是在万有引力作用下的变加速运动。广义相对论认为万有引力不是力，所以行星没有受到力，它的绕日运动是惯性运动。因此，行星的运动轨迹是短程线。但要注意，通常所说的行星绕日的椭圆轨道并不是短程线。椭圆轨道是三维空间中的轨道。这里说的短程线是四维时空中的曲线。也就是说，行星绕日运动是沿四维时空中的短程线的惯性运动。如图 3 所示，这条短程线是四维时空中的螺旋线，此螺旋线在三维空间中的投影就是我们通常所说的行星椭圆轨道。

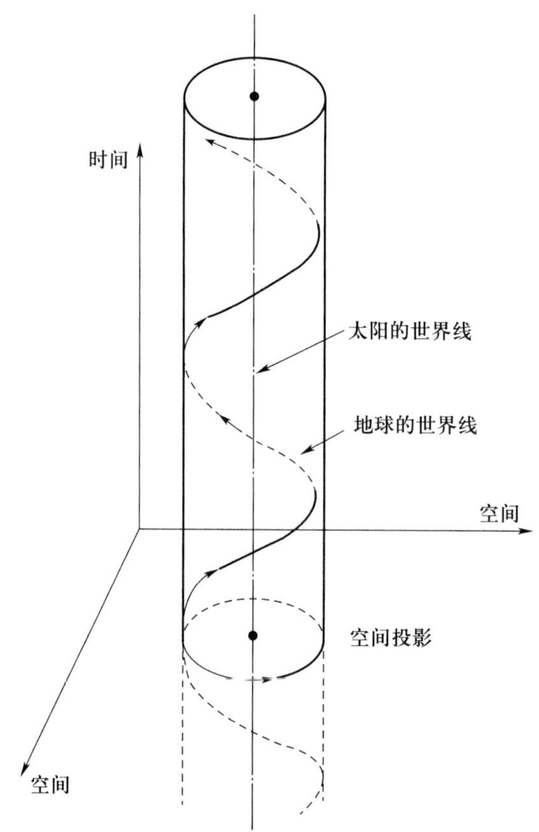

图 3　太阳和行星在四维时空中的轨迹

有人用床单做比方来解释时空弯曲。如果四个人各执床单的一角拉紧，床单就成为一个平直的二维空间。把一个小球放在床单上，它静止不动。一扔，它就做匀速直线运动。这就好比平直空间中的惯性运动状态。

在绷紧的床单中央放一个铅球，床单就凹下去了，成为一个二维的弯曲空间。再把一个小球放在床单上，它将不会静止，会自然地滚向铅球。我们可以把铅球看作地球，小球看作人手托着的物体，你松手后小球向铅球滚去，就好比人松手后原来手托的物体会落向地球。为什么小球会滚向铅球呢？按照牛顿力学的解释，铅球（地球）用万有引力吸引小球（物体）。用爱因斯坦的广义相对论来解释，则是铅球（地球）的存在让床单（时空）变弯了，在弯曲时空中，小球（物体）做惯性运动，落向了铅球（地球）。

也可把铅球看作太阳，小球看作地球。在床单上把小球横向一扔，它就会围着铅球转动，不会跑掉。为什么不会跑掉呢，地球为什么不飞离太阳呢？

按照牛顿理论，这是因为铅球（太阳）用万有引力吸引着小球（地球）；按照广义相对论，则是铅球（太阳）的存在使床单（时空）变弯了，由于床单（时空）弯曲了，所以小球（地球）做惯性运动，围着铅球（太阳）转，不会逃离铅球（太阳）。

14. 引力红移——时空弯曲使时间变慢

爱因斯坦在发表广义相对论时指出，有三个可以观测的实验能够证明广义相对论正确。这三个实验是“引力红移”、“行星轨道近日点的进动”和“光线偏折”。[1–8]

爱因斯坦指出，时空弯曲会使时间进程变慢。时空弯曲得越厉害，时间进程越慢。太阳附近的时空比地球附近的时空弯曲度大，所以太阳附近的时钟会走得比地球上的钟慢。不信的话，你可以在太阳表面放一个钟，然后用望远镜观测，并和地球上的钟进行比较。当然，这是开玩笑的话。太阳表面怎么放置钟，就是放置好了你也不敢用望远镜看啊，那里太亮了，眼睛根本受不了。爱因斯坦说没有关系，太阳那里原来就放着钟，这种钟就是氢原子。

大家知道，每种原子都有特定的光谱，化学家们经常通过光谱分析来鉴定化学元素。每种原子的光谱都由确定的若干根光谱线组成，每根光谱线又都有确定的频率。

爱因斯坦认为，每根光谱线都对应着原子内部特定的钟，光谱线的频率就是它对应的原子钟的频率。时间进程变慢，原子内部的钟会随着变慢，这时对应的光谱线的频率就会减小，波长就会增大，光谱线就会向光谱的红端移动，这就是光谱线的红移。

爱因斯坦预言时空弯曲会造成时间进程变慢，这样产生的红移称为引力红移。

太阳表面存在大量氢原子，广义相对论预言，由于那里的时间变慢，氢原子的光谱线将产生红移。可以观测太阳表面的氢光谱，测出其红移，并和地球实验室中的氢光谱进行比较。比较的结果与广义相对论的预言一致。

但要指出，按照牛顿理论，光子从太阳表面飞向地球，需要克服太阳引力场的势能，光子的能量 $E = h\nu$ 会减小，这也将导致光子频率 ν 减小，光谱线也会发生红移。用万有引力定律算出的红移量与广义相对论的预言值相差不大。目前的观测精度尚不能测出二者的差异。

此外，太阳表面存在称为太阳风的垂直升降气流，其产生的多普勒效应包含蓝移（上升气流引起）和红移（下降气流引起）。而且，太阳表面温度很高（6000 度左右），氢原子热运动剧烈，杂乱的热运动也会产生多普勒效应，导致杂乱的红移和蓝移。这些多普勒效应导致的谱线移动会叠加在谱线的引力红移上，使光谱线变宽，红移量不稳定。这些都增加了观测的困难。

所以说，太阳的引力红移是对广义相对论的支持，但精度还有待提高。

近年来，人们发现在 GPS 定位系统的应用中，必须考虑相对论的时钟变慢效应。在 2 万米高空运行的卫星上的铯钟，狭义相对论效应会使它比地面静止钟每天慢 7 微秒，而时空弯曲造成的广义相对论效应（即引力红移）将使它每天比地面的钟快 45 微秒，总和是每天比地面的钟快 38 微秒。这可以看作相对论红移效应的精确验证。[17]

15. 行星轨道近日点的进动

开普勒三定律指出，行星绕日运动的轨道是封闭的椭圆。牛顿的万有引力定律支持开普勒的结论，算出行星绕日运动的轨道确实是封闭的椭圆。但是天文观测早就发现，行星轨道并不是封闭的椭圆。这类椭圆会不断向前“进动”（图 4）。对轨道近日点的观测能够精确确定轨道的进动值。

离太阳越近的行星，进动效应越大，所以天文学家经常以离太阳最近的行星水星的轨道为例，来研究轨道近日点的进动。经过长期观测，天文学家发现水星轨道近日点的进动值为每百年 5600 弧秒，其中 5557.62 弧秒的进动可以用太阳自转、其他行星的影响等各种天文因素的影响加以解释，还有每百年 43 弧秒的进动得不到说明。这是广义相对论诞生之前就知道的事情。

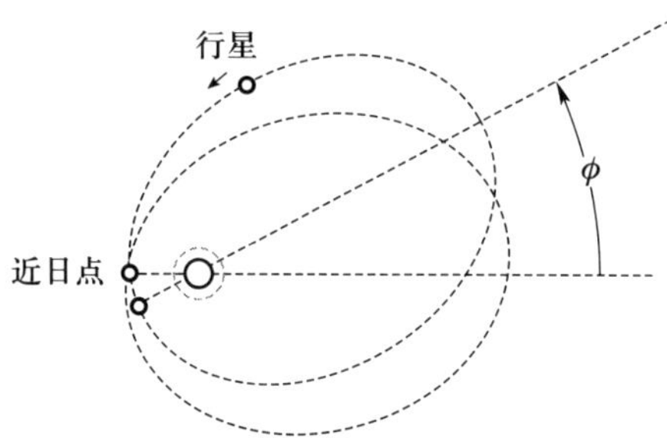

图 4　行星轨道近日点的进动

19 世纪的天文学家勒维叶，在与亚当斯分别成功预言海王星之后，又对水星轨道的这一异常进动产生了兴趣。勒维叶猜想是否存在一颗未知的、离太阳比水星还近的行星，那颗行星的存在和运动对水星轨道有影响，造成了这 43 弧秒的额外进动。他假定这颗未知行星的存在，反过来用水星轨道的进动推出了这颗行星在天空的位置。然后，他又去观测寻找，有一次看见太阳表面有一个移动的黑点，他以为发现了这颗行星。由于这颗行星离太阳非常近，他称其为“火神星”。后来发现，那个黑点其实是个太阳黑子（太阳表面的旋风），“火神星”纯属子虚乌有。

到了爱因斯坦时代，水星轨道进动的这点偏差依然没有得到解释。爱因斯坦知道这一情况，非常希望自己的新理论能解决这个疑难，所以他在创建广义相对论的过程中，一直注意把新理论与这个疑难加以联系。这个疑难也成了把爱因斯坦引向正确场方程的一条线索。

找到场方程后，爱因斯坦惊喜地发现，按照广义相对论，行星绕日运动的轨道原本就不是封闭的椭圆，而是不断在进动，水星轨道近日点的进动值恰为每百年 43 弧秒。他高兴极了，忍不住写信给希尔伯特、洛伦兹等朋友，信中说："我的新理论算出了水星轨道近日点的进动值，我简直高兴极了，你们知道我有多高兴吗？我一连几个星期都高兴得不知怎样才好。"

水星轨道近日点进动的观测值与理论计算值符合得非常好，精确度极高，因此这一实验是对广义相对论的强有力支持，牛顿理论无论如何也解释不了这一进动值。[1–8]

16. 光线偏折

广义相对论预言，由于太阳造成周围时空的弯曲，遥远恒星的光在通过太阳附近时会发生偏折（图 5）。[1–8]

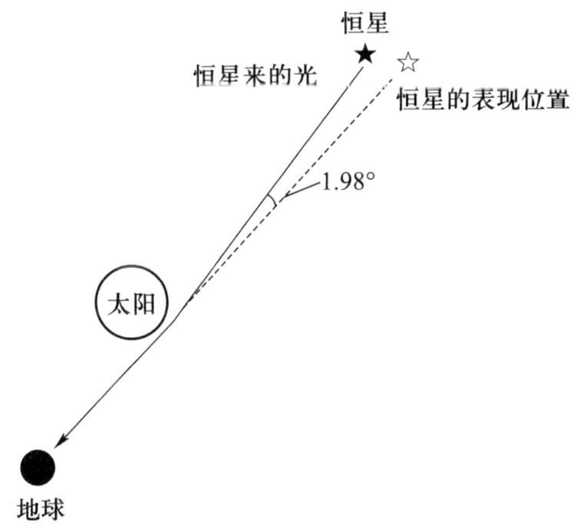

图 5　太阳附近光线的偏折

然而，按照牛顿力学，远方恒星射来的光子在路过太阳附近时，也会在太阳引力下发生偏折。不过，用牛顿理论算出的偏转角只有广义相对论算出的一半。所以，可以通过对光线偏折的观测，检验广义相对论是否正确，并对牛顿理论和广义相对论进行比较。

这个实验要进行两次观测。一次是拍摄太阳背后的星空，另一次是当太阳移开后拍摄同一天区的星空，将两次拍摄的结果加以比较。比较胶片中恒星图像位置的变化，就可以算出偏折角。

太阳那么亮，它背后的星空怎么拍摄？天文学家建议在日全食的时候拍。日全食时月亮把太阳完全挡住，天空犹如黑夜，群星灿烂明亮，正好可以拍摄。那么，没有太阳的同一星空怎么拍呢？大家知道，地球绕太阳公转，半年后将转到太阳的另一侧。所以，白天太阳背后的星空，几个月后将在夜间出现，拍摄完全没有问题。

爱因斯坦的广义相对论于 1915 年底发表，1919 年就有日全食，爱丁顿教授决定利用这次机会来检验光线偏折。

在西非的普林西比和巴西都能看到日全食。爱丁顿率领一个观测队去了普林西比，他的助手戴森带领另一个队去了巴西。

日全食那天，普林西比正好下雨，根本看不见太阳。爱丁顿急得不得了。幸亏在日全食结束前来了一阵风，刮开了乌云，露出了群星勉强可见的星空。爱丁顿他们赶快抓紧时间，在 $6\sim8$ 分钟内拍摄了 15 张照片。巴西那边天空晴朗，艳阳高照，戴森他们顺利地拍下了日全食时的星空。洗胶片时发现，阳光把底片盒晒得太烫了，胶片变了形，高兴的情绪一下子跌落下来。不过，经过仔细修正，他们最终还是获得了有用的数据。

用广义相对论算出的光线偏折角为 1.75 弧秒，用牛顿理论算出的为 0.875 弧秒。爱丁顿小组测得的偏转角为 1.61 弧秒，戴森小组测得的为 1.98 弧秒，都接近广义相对论预言值，远离牛顿理论的预言值。所以，爱丁顿宣布，他们的观测支持了爱因斯坦的广义相对论。

这一消息传到德国时，有人问爱因斯坦有什么感想，他叼着烟斗说：“我从来没有想过会是别的结果。”

1975 年，有人检测到无线电波掠过太阳表面时，会发生 $1.761\pm0.016''$ 的角度偏折。2004 年，无线电波偏折的观测值与广义相对论的理论值之比达到 0.99983±0.00045。这些对从太阳附近掠过的电磁波的偏折角的检验，都可以看作“光线偏折”观测实验的延续，都是对广义相对论的更为精确的实验验证。[17]

17. 关于引力波的风波

在牛顿的万有引力定律中，引力场的传播是瞬时的，引力从空间中的一点传播到另一点不需要时间，或者说引力的传播速度是无穷大。

在爱因斯坦的广义相对论中，引力场（即时空弯曲）的传播速度与真空中的光速相同，都是 c。爱因斯坦很快就弄清楚了这一点。因此，作为引力源的物质如果有运动，将使周围的引力场发生变化，也即时空弯曲情况发生变化，这种变化会以光速传播到四面八方。这就是引力波。[4–8]

不过，很快又弄清楚了一点：如果作为引力源的物质是球对称分布的，而且它只做球对称的膨胀或收缩，并且在胀缩过程中物质始终保持严格的球对称，那么它周围的引力场将不会发生变化。也就是说不会有引力波出现。科学家进一步认为，时空中不会存在球对称的引力波。

但是，大家认为非球对称的引力波应该存在。只要物质的运动不是严格保持球对称，就有可能产生引力波。

爱因斯坦一开始也是这样想的。但是他后来（1936 年）在具体研究平面引力波时，却得出了不存在引力波的结论。爱因斯坦把他们的论文投给了美国的《物理评论》，这个杂志当时已是美国最重要的物理杂志，同时也是全世界最重要的物理杂志之一。《物理评论》有审稿的规定，所有的稿件都要请有关专家审查，审查通过才能发表。于是，杂志编辑部把爱因斯坦的论文寄给了一位懂广义相对论的专家，请他审阅。这位专家认真审阅了爱因斯坦的文章，认为论文有误，他写了 10 页的审稿意见，指出爱因斯坦论文中的错误。编辑部把审稿意见寄给了爱因斯坦。[18]

在给爱因斯坦的信中，编辑部说："尊敬的爱因斯坦教授，我们把您的文章寄给了一位专家，请他评审。他审查后认为您的文章有错误，现在把他的审稿意见附给您，供您参考。"编辑部同时指出："在您根据审稿意见修改之前，或者您驳倒他的审稿意见之前，我们不能刊登您的文章。"

爱因斯坦一看来信，简直火冒三丈：你们也不看看我是谁，还请一位"专家"审我的稿，他能有我水平高吗？这个专家也是不知趣，居然写了长达 10 页的审稿意见，…… 爱因斯坦越想越气，他没有细看审稿意见就提笔给编辑部写了回信："尊敬的编辑先生，非常抱歉，我不知道贵刊还需要审稿。我没有授权你们把我的稿件给别人看。请把稿子退还给我。……"

编辑部收到爱因斯坦的信后十分震惊，爱因斯坦生气了，要退稿。这可怎么办呢？我们是按规定办事的呀！没有办法，只好把爱因斯坦的稿子退还回去，同时很有礼貌地写了一封回信："尊敬的爱因斯坦教授，我们也非常抱歉，我们不知道您不知道我们是需要审稿的，……"

爱因斯坦收到退回的稿件后，把自己懒得看的审稿意见和论文一起给了老朋友（同时也是他的助手）英菲尔德，请他看一下，发表一下意见。

英菲尔德这个人水平不很高，看了一下没有看明白。他忽然想起有一位叫罗伯逊的教授正在研究宇宙论，他应该懂广义相对论，因为他研究宇宙论需要用广义相对论做工具，而且他就在本地工作。于是英菲尔德会见了罗伯逊，把爱因斯坦的文章和审稿意见一起给了罗伯逊，请他看一下，发表一下意见。罗伯逊看了一会儿，就用手指着论文对英菲尔德说，你看这个地方是不是有错？还有这个地方，…… 英菲尔德听他一讲，很快明白了，爱因斯坦的论文确实有错，审稿意见是对的。

英菲尔德赶紧去见爱因斯坦，把罗伯逊的意见讲了一下。爱因斯坦一听自己的论文真有错误，于是就把论文做了修改，这一改，结论就变成有引力波了。爱因斯坦在论文的最后，表示了对罗伯逊教授和英菲尔德先生的感谢。然后他把修改后的论文投给了另一个杂志。爱因斯坦还在生《物理评论》的气，不仅这篇稿没有再给《物理评论》，而且此后再也没有主动给《物理评论》投过其他稿。

《物理评论》的审稿是背靠背的，编辑部对审稿人的信息保密，因此论文作者只能看到审稿意见，但不知道审稿人是谁。保密期限是 60 年。现在，60 年过去了，《物理评论》编辑部公布了爱因斯坦论文审稿的秘密，爱因斯坦恼火的审稿人正是他在修改稿中感谢的罗伯逊教授。

18. 对引力波的前期探测

20 世纪五六十年代，美国物理学家、马里兰大学教授韦伯，曾进行引力波的探寻。[4, 6, 19] 他一方面用广义相对论对引力波及其探测技术做了深入研究，另一方面实际安装了两个探测引力波的装置，相距约 1000 千米。1969 年，这两个装置同时接收到频率为 1660 赫兹的信号，韦伯以为自己观测到了来自银河系中心的引力波。后来的分析表明，如果银河系中心有如此强的引力波辐射，银河系自身的质量早就辐射光了。而且，此后设计的比韦伯当年的仪器精密度高得多的装置，再也没有接收到类似的信号。所以，学术界认为，韦伯观测到的信号肯定不是引力波。

一个惊喜的“突破”出现在 1978 年，在这一年举行的得克萨斯天体物理讨论会（这次会议在德国举办）上，美国天体物理学家泰勒和休斯宣布，他们通过对脉冲双星 PSR1913+16 运转周期的观测，间接发现了引力波的存在。[4–6, 20]

图 6　双星引力辐射

他们通过 4 年的精确观测发现，这对致密双星（其中至少一颗是脉冲星，即中子星）的转动周期，每年减少万分之一秒。泰勒等人假定这是由于双星运转发射引力波，引力波导致双星动能的减少，从而造成转动周期缩短。他们用广义相对论仔细计算了这对双星引力波辐射的能量，结果表明，算出的引力辐射导致的能量损失，恰好会使双星周期每年缩短万分之一秒左右，与观测结果很好地相符。

泰勒做完报告后，全场掌声雷动，持续了好几分钟。这表明大多数与会学者都认为他们确实观测到了引力波。1993 年，他们由于对脉冲双星的研究获得了诺贝尔物理学奖，但颁奖词中没有明确说他们发现了引力波。这是诺贝尔奖评委会谨慎的表现，因为这对双星毕竟离我们太远，而且泰勒他们测量与计算的相对误差也还比较大。

泰勒当时公布了观测结果和计算结果，但我们没有看到他们计算引力波的具体方法和过程。1980 年，笔者正作为硕士研究生追随刘辽先生学习广义相对论，刘辽先生让桂元星和我一起计算一下这对双星的引力辐射。他向我们建议了计算方案。经过仔细计算，我们得到了与泰勒等人一致的结果。[21, 22] 与此同时，胡宁先生和他们的两个学生章德海与丁浩刚也得到了类似的结果。[23]

计算引力辐射能量的一个严重困难是引力场能量密度不能严格定义。爱因斯坦和托曼最初给出了引力场能量的一种表述方式，但朗道指出他们的表述式有严重缺点，于是给出了一种新的引力场能量的表述方式：朗道–利普希茨表述。后来又有人指出朗道表述也有缺点，又提出其他表述方式。然而研究表明，所有的表述均有问题。实际上，引力场能量密度不能局域定义，只能定义准局域能。我们当时计算用的是朗道表述，郑玉昆又用其他几种能量表述做了计算，都得到与我们一致的结果。[24] 这表明，引力场能量的各种表述虽然各有缺点，但在计算引力辐射能时却都可以用。

现在，相对论界认为，泰勒等人对脉冲星的研究结果，是对引力波的一个证明，但只是一个间接的证明。

19. 引力波的发现——GW150914

近年来，一些相对论专家和实验物理专家一直在进行对引力波的直接探测。探测机理大多是利用引力波的偏振性质。研究表明，引力波是横波，有两种偏振类型，这两类偏振都会使引力波横截面的形状发生明显的“剪切”变化（图 7）。如图所示，如果取一束引力波的横截面来观察，假定取的横截面是个圆面，那么它一定会变扁，而且变扁的方向会不断交替。

这种不断的“剪切”变化会使金属圆柱体内的应力发生变化。韦伯正是利用这一效应来探测引力波的。但这种直接利用力学效应的探测装置灵敏度

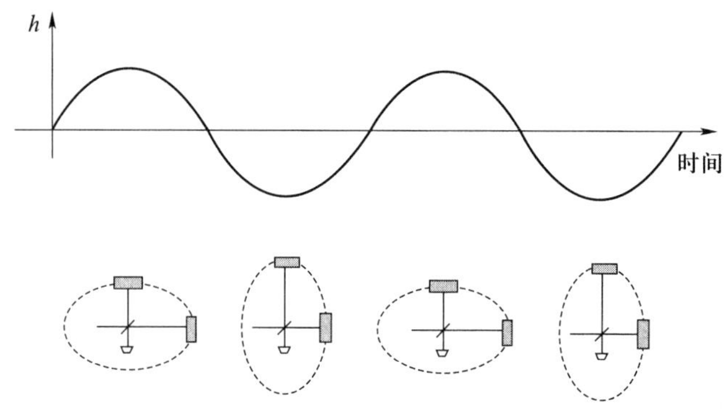

图 7 LIGO 的工作原理示意图

不够高，所以他未能测到引力波。

近年来，人们采用灵敏度高得多的激光干涉仪来进行探测。一些研究团队（例如 LIGO）在地面建造巨型的迈克尔逊干涉仪，也有的团队计划同时发射三颗卫星，把干涉仪放在卫星上。如果有引力波到来，相互垂直的光路的光程将交替伸缩，这样就可以确认引力波的到来了（图 7）。

2016 年 2 月 11 日，美国国家科学基金会宣布：人类首次直接探测到了引力波。并认为，这次探测到的引力波来自 13 亿年前两个黑洞的碰撞、并合。[25, 26]

这次探测到引力波的事件，实际发生在 2015 年 9 月 14 日（因此标记为 GW150914）。做出这一发现的 LIGO 团队出于谨慎，对观测数据进行了反复推敲，发表时间推迟了近 5 个月。他们的科研态度很严谨，因此发现的可信度很高。

LIGO 团队在美国东南部路易斯安那州的利文斯顿和西北部华盛顿州的汉福德，各建造了一座激光干涉引力波观测台，它们之间的直线距离大约有 3000 千米。在 LIGO 的每个观测台上都有一个 L 形真空激光迈克尔逊干涉仪，两条长臂长度各 4 千米（此外，在汉福德还有另一台臂长 2 千米的激光干涉仪）。在管的两端装有反射镜，让激光束在镜面之间来回反射，以增加激光干涉的有效距离。因为存在光的来回反射，因此这一光学装置也可以看成是“FP（法布里–珀罗）干涉腔”。

LIGO 在相隔 3000 千米设两个观测台，是为了排除地球上的地震、雷击和火车行驶、飞机飞行等各种干扰因素，因为这些因素不大可能在两地同时发生。而且，可以通过两地的探测器探测到引力波信号的时间差，来推测引力波发射源在空间的方位。

当有引力波通过 LIGO 系统时，引力波的偏振效应（即图 7 所示的“剪切效应”）会使相互垂直的探测臂一个伸长、一个缩短，不断交替，这样就会引起光的干涉的条纹变化，从而被光电检测器探测到此变化的光学信号。通过这个变化的光学信号的理论分析，可以推论出到底是什么样的天体物理过程发射了该引力波。

本次观测中，激光在干涉仪中反射了 400 次，相当于把臂长（光路）加长到了 1600 千米。这样，引力波引起的光路长度变化为质子半径（10^{-15} 米）的千分之一，即 10^{-18} 米。LIGO 的灵敏度在 2015 年 9 月升级后已达到 10^{-23}，恰好可以探测到引力波信号。

LIGO 设在利文斯顿的干涉仪首先收到信号，7 毫秒后汉福德的干涉仪也收到了这一信号。7 毫秒基本上是引力波以光速从利文斯顿到汉福德所需的时间。这大大加强了本次观测的可信度 [16]。这次收到的信号，频率从刚开始的 35 赫兹上升到 250 赫兹，振幅达到最大值，然后频率基本保持不变，振幅逐渐减小，最后信号消失。信号持续时间约 0.2 秒。

这非常像两个巨大的致密天体在相互围绕旋转中逐渐靠近、并合而发出的引力波。在与用数值计算模拟得到的大量黑洞碰撞模型对比后，LIGO 团队认为，他们观测到的信号，可以用两个大质量黑洞（分别为 $36M_{\odot}$ 与 $29M_{\odot}$）并合为一个黑洞（$62M_{\odot}$）时发射的引力波来解释。

20. 引力波探测的现状

LIGO 激光干涉引力波探测器是目前地球上长度最长的地面引力波探测装置。除了 LIGO，在欧洲还有 Virgo，在日本还有 KAGRA 等规模小一些的地面引力波探测激光干涉仪，而且印度也将投资建设 LIGO-India 地面引力波探测激光干涉仪。

除了地面引力波探测装置，还有装在卫星上的空间引力波探测装置。这就是 LISA 计划和目前缩小了的 eLISA 计划。该计划由欧洲空间局主导，其技术方案是将三对探测器送入太空，让它们组成等边三角形，相邻两对探测器之间的距离大约为 500 万千米，它们在地球后面以 20 度的夹角一起绕太阳运行。三对探测器之间用激光精确测量距离。如果有引力波传来，它会挤压时空，使三对探测器之间的距离发生微小的变化。灵敏的激光干涉仪可测出一个原子直径大小的位移。由于它们所占的地域比地球上的探测器大得多，因而可能探测到波长更长、频率更低的引力波源。[26]

除去激光干涉仪之外，脉冲星计时列阵也可以用来探测引力波 [3,17]。因为脉冲星具有稳定精确的脉冲周期，引力波的到来会改变脉冲星到地球的距离，从而使我们观测到脉冲星的周期发生变化。欧洲、北美、日本和澳大利亚都在做这方面的探测准备。

中国目前有由中国科学院主导的“太极计划”和中山大学主导的“天琴计划”，其基本思想与 eLISA 类似，也是发射三颗卫星到天上去探测引力波。

当然，“太极计划”还有一个备选方案，那就是中国直接参与 eLISA 计划，合作来探测空间引力波。此外，还有中国科学院高能物理所主导的“阿里计划”。该计划准备进一步建设在西藏阿里地区的天文台，使之能够用来探测原初引力波。目前“太极计划”、“天琴计划”和“阿里计划”的具体实施细节还需要等待中国政府高层领导的决策。

21. 惯性力究竟如何起源

前面我们谈到，牛顿认为存在一个绝对空间，惯性力起源于物体相对于绝对空间的加速，言外之意起源于绝对空间对加速物体施加的影响。牛顿提出著名的水桶实验来论证绝对空间的存在，同时解释惯性离心力的起源。

牛顿的上述观点后来遭到马赫的批判。马赫认为不存在绝对空间，所有的运动都是相对的。他认为惯性力起源于物体间的相互作用，具体来说就是起源于相对加速的物体间的一种相互作用。例如，惯性离心力起源于物体相对于全空间所有其他物体（主要是遥远星系）的转动，在这种相对转动中，遥远星系对该物体施加了作用，这个作用就是惯性离心力。马赫按照自己的观点对水桶实验做了不同于牛顿的解释。

马赫认为“不存在绝对空间，所有的运动都是相对的”，这一思想引导爱因斯坦走向了狭义相对论。马赫认为“惯性力起源于物体间做相对加速时产生的相互作用”，这一思想又引导爱因斯坦提出“马赫原理”，并最终走向了广义相对论。

所以在相对论提出后，爱因斯坦高度评价马赫的思想和作用，承认马赫思想对自己的引导，并表示他的相对论与马赫的思想一致，马赫预言的一些效应已包含在他的广义相对论中。

但马赫当时还活着，他认为相对论与自己的思想毫无共同之处，并表示坚决拒绝爱因斯坦的相对论。

此后的一些相对论专家也认为，马赫的思想虽然对爱因斯坦提出狭义和广义相对论都有启发，但他的思想与相对论也的确并不完全一致。[1–8]

显然，“惯性力起源于遥远星系对物体做相对加速运动时施加的影响”，这一观点是很值得怀疑的。包括电磁力和万有引力在内的各种相互作用，都不是瞬时传播的，最快的传播速度是光速。遥远星系不可能把自己的作用瞬时施加在做加速运动的物体上。

所以，惯性力既不可能起源于“子虚乌有”的绝对空间，也不可能起源于“遥远星系”，我们还是应该在加速物体的邻域去寻找惯性力产生的根源。加速物体的周围往往是真空，那在它的“邻域”又会有什么东西可能作为惯性力的根源呢？笔者认为，这个东西很可能就是真空本身。

22. 安鲁效应的启示

加拿大相对论专家安鲁在 1973 年提出的一个物理效应，可以给我们重要的启示。[6] 这个效应后来被称为安鲁效应。安鲁效应指出，在一个惯性观测者看来是真空，因而什么都没有的区域，一个做匀加速直线运动的观测者将感到自己的周围充满了热辐射，辐射温度 T 与他的加速度 a 成正比

$$T \propto a. \tag{9}$$

既然惯性观测者认为是真空，那么加速观测者看到的热辐射（由光子及其他各种粒子组成），又是哪里来的呢？研究表明，这些热辐射来自真空的零点能。

量子论认为，真空并不是一无所有，而是不断有虚粒子对产生，然后又湮灭，这个现象叫作真空涨落。真空涨落也有能量，是能量的最低状态，这是因为没有任何状态比真空能量更少、更一无所有了。真空的这点能量称为零点能，我们平常探测不到，只能感知它的一些间接效应。

研究表明，所有惯性系，不管它们的相对运动速度如何，它们的“真空”都是相同的。所以在一个惯性观测者看来是真空的区域，其他惯性观测者，不管他们之间的相对速度如何，都会一致认为这个区域是真空。由于通常的量子理论只在惯性系中讨论，所以大家没有认识到，对于不同观测者真空有可能不等价。

安鲁的研究越出了惯性系的范围，他最先提出加速观测者的真空与惯性观测者的真空不等价。加速观测者的真空能量零点比惯性观测者的低，所以惯性真空的零点能在加速观测者看来就成了可以直接观测到的正能量。这种能量以最简单的形式出现，那就是热辐射能（黑体辐射能）。所以匀加速观测者会认为自己周围存在热辐射。

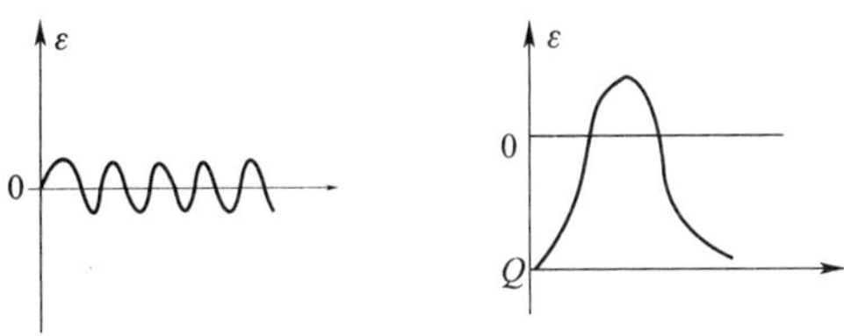

图 8　惯性观测者的零点能（左），加速观测者的能量零点从 0 下降到 Q（右），使惯性真空的零点能以热辐射的形式显现

特别值得注意的是，安鲁效应的温度 T 与观测者的加速度 a 成正比。我们知道，这个加速观测者还会受到惯性力，此惯性力也与 a 成正比。由此看来，可以把“惯性力”视作惯性的力学效应，而把“安鲁效应”视作惯性的热效应。从图 8 可以看出，二者都起源于真空能量零点的变化，所以，惯性

效应可以视作“真空形变”产生的反作用。

进一步的研究还可以看到，“真空形变”源自参考系变化（惯性系到非惯性系）导致的“时间尺度”变化。感兴趣的读者可参阅拙著《弯曲时空中的黑洞》或《广义相对论基础》。[6, 27]

参考文献

[1] 爱因斯坦 A. 杨润殷译, 胡刚复校. 狭义与广义相对论浅说. 北京: 北京大学出版社, 2006.

[2] 爱因斯坦 A. 李灏译. 相对论的意义. 北京: 科学出版社, 1961.

[3] Einstein A, et al. The Principle of Relativity. Dover: Dover Publications, 1923.
相对论原理 (中译本). 赵志田, 刘一贯, 孟昭英译. 北京: 科学出版社, 1980.

[4] 刘辽, 赵峥. 广义相对论. 第 2 版. 北京: 高等教育出版社, 2004.

[5] 俞允强. 广义相对论引论. 北京: 北京大学出版社, 1987.

[6] 赵峥, 刘文彪. 广义相对论基础. 北京: 清华大学出版社, 2010.

[7] 赵峥. 爱因斯坦与相对论. 上海: 上海教育出版社, 2015

[8] 赵峥. 相对论百问. 北京: 北京师范大学出版社, 2010.

[9] Newton I. Mathematical Principles of Natural Philosophy. Cambridge: Cambridge University Press, 1934.

[10] 赵峥. 广义相对论的几个问题. 大学物理, 2011, 30(5): 14–19.

[11] 赵峥. 相对论教学中的若干问题. 大学物理, 2011, 30(3): 5–10.

[12] 赵峥. 爱因斯坦与物理观念的突破. 大学物理, 2005, 24(12): 1–7.

[13] 彭加勒[1] H. 李醒民译. 科学与假设. 北京: 商务印书馆, 2006.

[14] 派斯 A. 方在庆, 李勇等译. 爱因斯坦传. 北京: 商务印书馆, 2006.

[15] 沃尔特 · 艾萨克森. 张卜天译. 爱因斯坦传. 长沙: 湖南科学技术出版社, 2012.

[16] 郭奕玲, 沈慧君. 物理学史. 第 2 版. 北京: 清华大学出版社, 2005.

[17] 梁灿彬, 曹周健. 从零学相对论. 北京: 高等教育出版社, 2013.

[18] 刘寄星. 爱因斯坦和同行审稿制度的一次冲突. 物理, 2005, 34: 487.

[19] Weber J. Evidence for discovery of gravitational radiation. Phys. Rev. Lett., 1969, 22: 1320–1324.

[20] Huse R A. Taylor J H. Discovery of a pulsar in a binary system. Neutron stars, black holes and binary X-ray sources, 1975, 48: 433.

[21] 桂元星, 赵峥, 刘辽. PSR1913+16 的重力辐射. 北京师范大学学报 (自然科学版), 1980, No. 3–4: 67.

[22] 刘辽. 刘辽文集. 长沙: 湖南科学技术出版社, 2008, 30–37.

[1] 彭加勒即庞加莱.

[23] 胡宁, 章德海, 丁浩刚. 双星放射引力辐射的阻尼力. 物理学报, 1981, 30(8): 1003.

[24] 郑玉昆. 关于引力场的能量问题. 物理学报, 1981, 30(1): 46.

[25] Abbott B P, et al. The LIGO Scientific Collaboration, Virgo Collaboration. Observation of gravitational waves from a binary black hole merger. Physical Review Letter, 2016, 116(6): 016102. Doi: 10.1103/PhysRevLett.116.016102.

[26] 郭宗宽, 蔡荣根, 张元仲. 引力波探测: 引力波天文学的新时代. 科技导报, 2016, 34(3): 30.

[27] 赵峥. 弯曲时空中的黑洞. 合肥: 中国科学技术大学出版社, 2014.

编者按：本文原载于《大学物理》杂志 2015 年 11 期。

爱因斯坦是正确的吗?

Nils Andersson

译者：陈跃文

Nils Andersson，英国南安普敦大学应用数学教授，研究领域为广义相对论、天体物理学，特别是与黑洞和中子星有关的动力学。

很荣幸能够在 20 世纪最伟大的科学成就之一——阿尔伯特·爱因斯坦的广义相对论诞生 100 周年纪念日前夕做演讲。经过一个月疯狂的计算，最终于 1915 年 11 月 25 日，爱因斯坦先后向 Prussian 科学院递交了 4 篇短论文，在论文中提出了新的观点，值得注意的是，在我们现在所熟知的广义相对论诞生前一个月中，他的想法一直在发生改变。

如今，我们通常认为爱因斯坦的理论是一个巨大的成功。广义相对论（和量子力学一起）是现代物理学的基础之一，它不仅给我们解释了引力是什么，也解释了引力因何而产生，这指导我们去探索和解释宇宙。

正如我将在讲座中讨论的那样，最初爱因斯坦的理论并没有得到重视。有半个多世纪的时间，广义相对论被认为是一种晦涩难懂且与宏观世界联系甚少的理论。实践者们使用复杂的数学术语（张量分析）来描述在一个弯曲时空下的引力，很少有人能够理解这个理论的实际意义，甚至是顶尖的科学家都不能理解。到了 20 世纪 60 年代，由于当时认为广义相对论和实际的天文学几乎没有关系，年轻的研究者们都被劝告搁置广义相对论，幸运的是他们中的一些人并没有听。

爱因斯坦理论的命运在 20 世纪的后半段发生了戏剧性变化，越来越精确的时空测量使得逐渐把相对论付诸实践，而它出色地通过了每一项挑战。在讲座中，我将尝试给出它的大致发展历程。

我们最好从这一理论的开头说起，爱因斯坦的相对论到底是什么?

让我们追溯到 1905 年，此时年轻的阿尔伯特·爱因斯坦发表了第一篇突破性文章，提出了狭义相对论，解决了众所周知的运动物体的电磁感应问题。狭义相对论澄清了时空的相对性，且建立了一个单一的、非常简单的假设：在任一惯性参考系中，所测得的光在真空中的传播速度都相同，与光源及观察者的运动状态无关，但这个假设的结果与我们的现实生活是不一致的，由假设可知：运动的时钟似乎变慢了，运动的尺子似乎变短了，并且有了著名的物理方程 $E=mc^2$，方程说明即使是微小的尘埃也可能携带巨大的能量。

狭义相对论一经问世就取得了成功，可能是因为许多人沿着和爱因斯坦相似的思考路线得到了接近相同的结论。爱因斯坦的狭义相对论得到了认可，这是几乎可以想象到的。此前爱因斯坦一直在 Bern 专利局做职员，1906 年晋升为一级技术助理，但我想这和相对论几乎没有关系。

爱因斯坦很清楚他的理论是不完善的，它只描述了匀速直线运动的惯性参照系之间的物理定律，但是并没有考虑加速度，且信息的传播速度不能超过光速这一推论同物理学的主要理论之一——牛顿的万有引力定律产生了矛盾。

这一问题困扰了爱因斯坦好几年，直到 1907 年的一天，他正在办公桌前工作，或许有些无聊，向窗外望去看见了正在工作的窗户清洁工，他想象着他们中的一个坠落，突然他意识到坠落中的人实际上感受不到地球的引力，在脑海中经过了一个漂亮的逻辑跳跃后，爱因斯坦意识到：不受引力、此人自由浮动以及他坐在加速向上的桌子上，这些情况是完全相同的，因此他得出结论：加速度和重力必须是等效的。

接下来爱因斯坦可以解释他上一个理论中的光速问题了，他意识到：如果他正处在一个速度接近光速且加速向上的电梯中，透过电梯的光束似乎向着电梯底部弯曲。此时，爱因斯坦想法关键的一点是光是“懒”的，它喜欢走两点之间最短的路径，通常情况下这是一条直线，这和思维实验的情形不相符。为了使得光仍然是“懒”的且沿着尽可能最短的路径走，爱因斯坦不得不假设空间是弯曲的。

以上两个理想实验：等效原理和弯曲时空，为爱因斯坦的相对论奠定了基础，但有时从物理的洞察到一个完整的理论需要很长的时间。爱因斯坦花了整整八年时间去研究弯曲时空的数学计算，他的努力终于在 1915 年 11 月得到了实现。

爱因斯坦的广义相对论用几何学的术语解释了引力在时空中的“形状”，该理论的数学方程可以用一个简洁的形式写出来，看起来我们可以简单地使用它。实质上，方程的左边取决于时空几何，右边取决于物质分布及运动状态，在实际情形中，爱因斯坦方程是异常复杂的，因此我们不需要理解它们，John Wheeler 有一句著名的总结：“物质告诉空间如何弯曲，空间告诉物质如何运动。”

爱因斯坦理论描述了一个与我们日常经验迥异的世界，引力不仅使物体运动，还使得光线弯曲、时间扭曲。在一个引力场中时钟会变慢，引力产生了波且创造出黑洞。最终，引力可以使我们瞥见万物的开端——宇宙大爆炸，进而帮我们解释了宇宙。这里有许多令人惊异的想法，但问题是我们如何知道它们的正确性？我们该如何把爱因斯坦理论付诸实践？

爱因斯坦本人确信他的理论是正确的，他之所以有理由相信是因为：他知道时空弯曲再现了牛顿引力的许多特征（在适当的弱引力场极限情况下）。事实上，他已经成功解决了困扰人们很久的水星进动问题，而这一难题需追溯到 1859 年，当时 Le Verrier 试图去解决其他行星对水星近日点进动的影响，他基于太阳系的其他行星的运动算出了水星近日点的进动速率。经最后计算发现水星近日点的多余进动值为每百年快 43 弧秒，其中大约 1/3 的影响是来自于木星，这掀起了一场关于寻找失踪行星的建议和讨论，这一问题一直持续到爱因斯坦时期才得到解决。

引力使光弯曲，这使得天空中星星看似改变了位置，这是等效原理的一个直接结果。早在 1911 年，爱因斯坦就第一次计算出了这一效应，此时他还未完成广义相对论，他设法使天文学家相信他的预言可以在日全食期间得到检验，但当时提议的许多探险队都计划落空，这对爱因斯坦来说是幸运的，因为他的第一次计算结果是错误的，到 1915 年爱因斯坦纠正了这一错误，但那时世界正处于战争状态。直到 1919 年，由 Arthur Eddington 领导的英国日全食观测远征队证实了光的弯曲，结果使得爱因斯坦名声大噪并且家喻户晓，但测量结果实际上并不能完全使人信服，观测值和爱因斯坦的计算值的误差为 30%，这个不确定度持续了很长一段时间。

爱因斯坦 1955 年去世的时候，他的办公桌上满是未完成的计算和没有解决的问题，许多预言都未得到验证，由于广义相对论在当时的影响很小且人们没有太多的兴趣去验证它，大部分科学家只是发现它“太复杂”。

在爱因斯坦去世后的十年中，相对论的最终复兴被三个发展所驱使：第一，原子钟使得人们可以对时空进行更精确的测量；第二，用第二次世界大战期间开发的技术制造的新一代望远镜，为世界打开了新的窗户且迎来了天文学上的一场革命；第三，新一代天才物理学家们重新思考爱因斯坦的理论，对其理论的内涵有了更深的理解。

几千年来，天文学家研究夜空，追踪星星滑过天空的轨迹，试图去了解它们几千年来的逐步演变。但我们的宇宙实际上并非如此，当用射电望远镜望向天空，就会清晰地看到宇宙是一个有着各种激烈反应的地方。

1963 年，Maarten Schmidt 发现了第一个类星体（电波来源 3C 273），它异常明亮以至于被误认为是一颗恒星，但是它距离我们有十亿光年远。是什么引发了如此壮观的景象？答案是引力，现在我们知道这些遥远的活跃着的星系是普通星系亮度的几千倍。在一些星系中，如天鹅座 A，物质以相对论的速度从距离我们数千光年远的星系核喷出。

在这激动人心的新宇宙观下，当恒星的核能耗尽时就会产生超新星爆发，这会导致中子星的形成，且通常被视为射电脉冲星。由 Jocelyn Bell 于 1967

年首次发现的旋转射电灯塔，被视作自然界中最极端的物体。如果把一个比太阳的质量略大一点的物体的半径压缩在 10 千米以内，那么它们通常以一个惊人的速度旋转。例如，Crab 脉冲星，它在 1054 年的超行星爆发由中国天文学家记录，它以每秒钟 33 周的速度旋转，但它绝不是旋转最快的一个。这些物体检验了我们对现代物理学的理解，也需要我们对爱因斯坦广义相对论的了解，且正如我们所看到的，为我们提供了检验这个理论的独特方式。

技术的大大提高以及随着天体物理学范围的更加广泛，使我们对广义相对论做了更多惊人的检验，例如，美国宇航局的 MESSENGER 在 2011 轨道上测量的水星的近日点提高了一个精度，同样的效应对更强引力环境的脉冲双星 PSR B1913+16 进行了检验，这是 Richard Hulse 和 Joseph Taylor 于 1974 年发现的，该系统的近日点每年前进 4 度，这意味着相对论效应在这里积累得更快，也因此提供了一个对理论更有效的检验。

当涉及光线弯曲时，射电望远镜阵用来观测遥远的在太阳后面的类星体，以此来证实爱因斯坦的预测且精度可以达到 0.01%。ESAs GAIA 旨在追踪银河系中行星的运行轨迹，它被期望在百万分之一的精度下检验光线弯曲，这将是我们不得不选择的一种物理模型。

事实上，光线弯曲已经成为现代天文学的一个重要工具，引力可以用不同的方式使遥远的源成像，且形成多重像，比如一条弧或在某些情况下形成一个完整的圆。通过匹配计算的细节发现，光线在传播的过程中弯曲，这给我们提供了暗物质存在的线索，例如，来自 Sloan Digital Sky Survey 的数据表明：我们的宇宙存在暗物质。

自然地，原子钟的发展对许多关于广义相对论的精密检验是重要的。相对论预言引力使钟表变慢，但在我们的日常生活中，引力的影响很微小，但是确实存在一些影响。爱因斯坦注意到：当光线奋力脱离来自太阳引力的束缚时，它的频率会变低，即产生红移。基本上，可以说光有点“懒”，它丢失了一些能量且使频率变低。第一次尝试测量这种效应是在 1917 年，但由于当时的技术问题实验很难进行，直到 1962 年太阳的红移现象才被测量到，且第一次精确测量光的红移是由 Robert Pound 和 Glen Rebka 在麻省理工学院进行。1959 年，他们比较了光子从 23 米高的塔向下发射和向上发射相同距离的能量变化，事实上这也是第一次测量光子的质量。

几年之后，于 1964 年，Irwin Shapiro 发现了一个相关的效应，于是开始了对爱因斯坦理论的第四条预言的检验。当光线通过一个引力场时就会变慢，这导致信号到达的时间比不穿过引力场的情形要晚一些。到目前为止，延迟的时间已经能够被精确测量，例如，2003 年来自美国宇航局的 Cassini 号宇宙飞船发现的信号的延迟时间，和理论预测的相比精度能够达到 0.001%。

用原子钟来检验爱因斯坦理论最有效的方式是：把一个放在实验室而让

另一个飞到一定高度，如果该理论是正确的，则飞行着的原子钟应该比实验室的更快，但这个实验并不像它看起来那样“简单”，因为狭义相对论证明具有重量的物质在运动的时候时间会变慢。

第一次成功地用原子钟来检验爱因斯坦理论的实验是由 Joseph Hafele 和 Richard Keating 于 1971 年进行，他们带着其中一个原子钟乘坐客机环球绕行一周并返回，其中该原子钟占据了两个座位，因此科学家们必须分别考虑它们，当他们返回并且计算两种相对论的联合效应时，发现实验值与期望值很吻合。

经过初期艰苦的开拓，进入太空后，原子钟变慢的实验能够以更高的精度进行。其中在太空中进行引力实验的开拓者是引力探测器 A，在 1976 年发射了一个带有氢微波激射的火箭，在进行了 1 小时 55 分钟的短程飞行后掉进大西洋里，这次检验的精度优于 0.01%。

为了达到更高的精度，科学家们仍在努力，2016 年 ACES/Pharao 时钟的实验将在国际空间站进行，这将是有史以来对时间最精确的测量。

在这之前，值得一提的是引力探测器 B。经过很长一段时间的准备，这个实验最终在 2004 年实施，它成功地使用了高精度陀螺仪来测量地球旋转时是如何扭曲时空的，并以优于 1% 的精度证实了爱因斯坦的预测。

事实上，重力使我们头的年龄大于脚的年龄这一事实可能对我们的日常生活没有多大影响，但是如果不考虑相对论的效应，我们通常熟知的简单常识就会失效。

价值数十亿美元的 GPS 导航系统由 24 颗绕地球转动的卫星组成，每一颗都带有一个精确的原子钟，它可以使导航精度达到 15 米，局部时间精度达到五百亿分之一秒，这些卫星在各自轨道上以每小时 14000 千米的速度每天绕地球两圈，比位于地球上的时钟运行更快。狭义相对论认为运动着的时钟会变慢，如果我们把它计算出来就会发现，每天时钟会变慢七百万分之一秒。而弯曲的时空会使时钟变慢，反过来，这种效应使得轨道中的时钟每天变快四千五百万分之一秒。结合这种效应，卫星上运动的时钟每天将变快三百八十万分之一秒。如果我们忽略了相对论效应，这样导致的结果是，导航误差将会累加到每天超过 10 千米，这使卫星导航变得十分危险。

相对论的复兴很大程度上归功于极少数像 John Wheeler 这样非常专注的人，当时 Wheeler 对引力坍缩的明显矛盾产生了浓厚的兴趣，引力坍缩是说：引力可以使一个巨大的物体坍塌，且像一个黑色斗篷将该物体周围的时空包裹，使物体从视线中消失。一直到 20 世纪 60 年代人们对这种物体的讨论仍感到很困惑，现在我们把它称之为黑洞且将这归功于 Wheeler，但当时没有确凿的证据证明这种物体存在于宇宙中。

1962 年，随着第一次使用 X 射线探测太阳系以外，使得情况发生了戏剧性的变化，一经实验即发现了一个强 X 射线源——天蝎座 X1，且在短时间尺度内它的信号剧烈变化，有人提议它可能是黑洞。1970 年 12 月进行的 Uhuru 卫星实验发现了更多的 X 射线源，通过来自 Uhuru 卫星的数据推断：大部分星系的 X 射线源是从双星系统的邻近伴星吸积物质的致密天体。我们可以使用轨道数据来“衡量”这些系统中的暗伴星，且现在我们都确信天蝎座 X1 是一颗比太阳重 15 倍且无法用其他理论解释的黑洞，这一重要证据最终使 Stephen Hawking 在那场著名的打赌中输给了 Kip Thorne ······

自 20 世纪 70 年代以来，我们已经了解到黑洞有着巨大的与众不同的体积，它就像潜伏在银河系中心的巨人。

1994 年 5 月，美国宇航局宣布用 Hubble 太空望远镜（HST）在 M87 的中心“看到了”黑洞，气体在该星系的中心迅速旋转，光谱的测量显示有一个看不见的且是太阳质量 20 亿倍以上的物质存在。一年之后，当用水微波激射来精确定位螺旋星系 NGC4258 中的气体运动时，另一个超大质量黑洞被发现。超长基线阵列发现有一个盘状物围绕在紧致暗物质周围，它的旋转速度表明这里有一个将近太阳质量 4000 万倍重的黑洞存在。现在已经有大量类似的证据，我们也开始了解了这些巨大的黑洞是如何影响星系和如何构造大尺度结构的。

或许令人惊讶的是，对大质量黑洞存在的最好的证据来自于“我们家附近”。自 20 世纪 70 年代初期以来，我们知道有一个不同寻常的射电源坐落于我们银河系的动力学中心，这个射电源是射手座 A^*，它长期以来被视作一个超大质量黑洞的最佳候选，其中最好的且持续不断加强的证据是基于：卓越的红外线探测器超过 10 年之久的观测，它追踪位于银河中心附近的恒星的运动轨迹，结果始终表明存在一个约为太阳质量 300 万倍的黑洞。

这是一个显著的转变，在过去 20 年多一点的时间里，我们看到了黑洞从一个推测到成为主流天文学的飞跃。

根据爱因斯坦的弯曲时空理论，我们可以找到时间完全静止的奇点，比如黑洞的视界。但是这个弯曲有着更一般的内涵，相对论预言引力的改变是作为一种波以光速传播。

事实证明这些引力波是难以捉摸的，有很长的一段时间，科学家们都在争论引力波是否真实存在，对此，包括爱因斯坦本人也摇摆不定。在 20 世纪 50 年代，作为 Hermann Bondi 在 King 学院和其他人争论的结果，人类第一次尝试去探测引力波，第一个对直接探测引力波做伟大尝试的是美国的 Joseph Weber，探测已经持续了 40 年仍没有成功，但我们有理由去期待将来有可能会成功。

首先，有强有力的间接证据表明该理论是正确的，如长期追踪的双中子星系统的轨道变化和理论预测的结果保持一致。其次，在著名的双脉冲星实验中，引力波的发射率同爱因斯坦理论的一小部分吻合。

其次，探测器技术已经达到了一定的水平，它使我们可以探测银河系以外的射电源。我们的探测器可以测量从一个原子核大小到数千米长度的变化，这是一个惊人的工程技术上的伟大成就。同样，我们的超级计算机仿真技术已经达到相当高的水平，例如我们可以用来模拟黑洞碰撞，这使我们更加自信且清楚我们所要寻找的。

我们有理由相信最终我们将进入引力波天文学时代。

正如我们所看到的，对广义相对论的检验已经达到了一个高精度，既包括太阳系又包括像中子星这样强引力环境的星系。我们有令人信服的黑洞存在的证据，但是大尺度下的宇宙会是什么样呢？如果我们试着给宇宙称重又会发生什么？

为了了解现代宇宙学的内容，让我们再看看爱因斯坦方程，即空间的形状平衡物质的位置和动量。原则上讲，每一个方程的解都是一个宇宙，这意味着可能我们生活的宇宙不止一个，但是确实只有一个宇宙。

当爱因斯坦建立他的理论时，普遍的看法是宇宙是静止的，即不会进化。然而广义相对论指出了一个不同的方向：宇宙是扩张或者收缩的。为了解决这个问题，爱因斯坦在他的方程中增加了一个术语，现在我们称之为宇宙常数，它使引力达到平衡，通过这种方法，爱因斯坦重构了静态宇宙。

当然，历史告诉我们这是错误的，Edwin Hubble 于 1922 年对遥远星系正在远离我们的发现表明宇宙正在膨胀，因此宇宙常数被去掉，但是它并未完全离开我们的视线。

如果宇宙是膨胀的，那么它过去一定很小。如果我们追踪宇宙的进化到足够远，那么我们是否会找到时间的起点？对于大爆炸的第一个证据，来自于 Arno Penzias 和 Robert Woodrow Wilson 1964 年在他们的无线电天线上发现的神秘干扰噪音，此噪音比预期的强烈得多，它们均匀地在天空传播，且不分昼夜地出现，该噪声暗示着宇宙有一个有效温度为 3K 的辐射，因而宇宙微波背景辐射来自于大爆炸。

在过去的几十年中，宇宙学已经成为一门精确测量的科学，伴随着空间探测器的出现，像 19 世纪 80 年代的 COBE 和最近的 WMAP 以及 Planck 卫星探测器，我们正在探索宇宙 40 万年前的精细结构，我们看到的一个微小变化就会带来早期宇宙的量子涨落。

这些惊人的实验可以用来检验我们的理论。

当把不同的数据集放在一起，就会发现我们需要用三个组成部分来解释宇宙。只有小于 5% 的一小部分是由通常的物质组成：如原子、分子、星星、你和我；大约占据四分之一的是我们看不到的暗物质，但我们知道它们确实是存在的，比如引力透镜；宇宙中剩下的超过 70% 的是暗能量，它的密度可能是一个宇宙常数，有了它我们可以解释宇宙的持续加速膨胀。

近几年宇宙学的进展是惊人的，但当前我们对宇宙的理解并不能令人满意。基本上我们只能解释宇宙中最小的一部分（物质），我们对较大的部分（暗物质）有一些想法，但我们对最多的部分（暗能量）却一无所知，这是当今物理学面临的最大挑战之一，尽管我们建立了一些可供选择的理论来解释这些数据，这不仅是对爱因斯坦引力理论的检验，还是一个物理学的基本问题。

经历了爱因斯坦弯曲时空宇宙观的第一个世纪，我们到达了旅程的终点。爱因斯坦是正确的吗？当然了，他是正确的，即使是他自己也从未这样想过。但这并不意味着我们对引力的理解是完整的，仅仅意味着我们对宇宙多了一些认识，广义相对论并不是最终的答案。

让我们展望未来，看看接下来会发生什么？显然我并不知道什么时候会有新突破，但是我想可以相当确定的是：不久我们将会探测到引力波，这是相当令人兴奋的事情，这将帮助我们探索宇宙的未知边界，并且我们可能会发现：是否我们在天空中看到的黑洞恰好是爱因斯坦理论中的黑洞。在未来，在空间的引力波实验（像在 21 世纪 30 年代将要发射的 eLISA）可能给我们提供黑洞的几何细节图，其他的实验，像事件视界望远镜，将提供补充信息。未来将会有更大尺度的实验，它将继续提高我们对宇宙的理解。希望能在暗能量的问题上取得进展，暗能量到底是什么呢？或许这将需要大尺度理论与小尺度理论的结合，即广义相对论与晦涩难懂的量子力学的结合。

我们正在努力构建一个理论，将广义相对论中的弯曲时空和量子力学的不确定性相融合。这个问题即将接近一百周年，但恐怕距离问题的答案还有很长的路要走。如果这是一个“人气竞赛”，我们可以简单地用“弦理论”来回答，但真实情况比这要复杂一点。此时，“弦理论”有点像一个空的容器，我们可以用任何想要的东西填满它，但现在我们还不能验证弦理论的预言，这里有太多的可能性且没有实验来约束我们的想象，至少目前还没有。

在爱因斯坦弯曲时空理论的第一个世纪，我们已经看到了许多卓越的发现和见解，但我们仍然还有很多工作需要去做，还需要克服许多挑战，我猜想在下一个 100 年的时间里，仍然有许多的事情需要解决。

编者按：本文根据作者 2015 年 11 月 24 日为格雷欣学院（Gresham College）所做的讲座 Was Einstein Right? 视频整理翻译而成，网址如下：

https://www.gresham.ac.uk/lectures-and-events/was-einstein-right

引力波探测的意义、历史和未来

陈学雷

陈学雷，中国国家天文台研究员，暗物质与暗能量研究团组首席科学家，星系宇宙学部副主任。研究领域为宇宙学与粒子天体物理，主要包括暗物质、暗能量、大尺度结构、宇宙微波背景辐射、第一代天体与再电离。

2016 年 2 月 11 日，美国科学基金委（NSF）召开了新闻发布会，正式宣布激光干涉引力波天文台（LIGO）于 2015 年 9 月 14 日探测到了两个黑洞并合时发出的引力波，相关的研究论文发表在 2016 年 2 月 12 日出版的《物理评论快报》(PRL）上 [1]。这一发现在全世界的科学界甚至一般公众中都引起了轰动。那么，引力波究竟是什么？它是如何被发现的，为什么引起如此大的轰动？其意义是什么？今后引力波研究的方向是什么？我国在这方面的工作情况如何，今后如何发展？这里做一些简单的介绍。

1. 什么是引力波

一百年前，爱因斯坦提出了广义相对论理论。在这种理论中，我们所熟知的万有引力不再像牛顿理论中那样是物体之间的直接相互作用力，而是物质的能量和动量会影响周边的时间与空间，使时空发生弯曲，弯曲的时空又进一步影响物体的运动，从而产生引力作用。这种关于时间、空间和引力的学说是物理学中一个革命性的理论，迄今仍是现代物理学的基础。爱因斯坦又进而指出，这种对时空的影响会以波的形式传递，其传播速度为光速，这就是引力波。例如，图 1 显示了两个黑洞并合时在时空中产生的引力波涟漪。不过，由于广义相对论的复杂性，对于引力波是否是一种物理上实际存在的波，或者仅仅是数学形式上的波（可以通过坐标变换消除），一度存在争议，甚至爱因斯坦和他的助手罗森（Rosen）也曾一度认为引力波并非真实存在[1]。不过，人们最终认识到引力波可以传递能量和动量，确实是一种物理上真实存在的波。

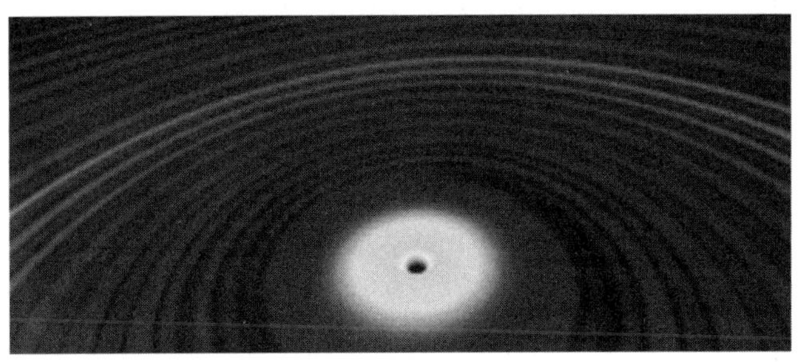

图 1 黑洞并合后形成的时空中的涟漪——引力波

与电磁相互作用相比，万有引力相互作用要微弱得多，再加上引力中不存在偶极辐射，因此天体辐射的引力波也十分微弱，而要探测到它更极为困难。直到 20 世纪 60 年代，广义相对论实验和天体物理有了很大发展，人们才开始认真考虑引力波辐射产生的机制和探测的可能性。

随着天体物理学和宇宙学的发展，人们逐步认识到，一些不同的天体物理过程可能产生引力波。这些不同的引力波的频率或波长以及强度也各有不同，因此其探测手段也不同，如图 2 所示 [2]。图中右下角显示的，频率为 10 到 10^4 赫兹的引力波，主要来源包括中子星（NS）——中子星并合、超新星核塌缩等，恒星级双黑洞并合等，可以用 LIGO 等地面引力波探测器观测。

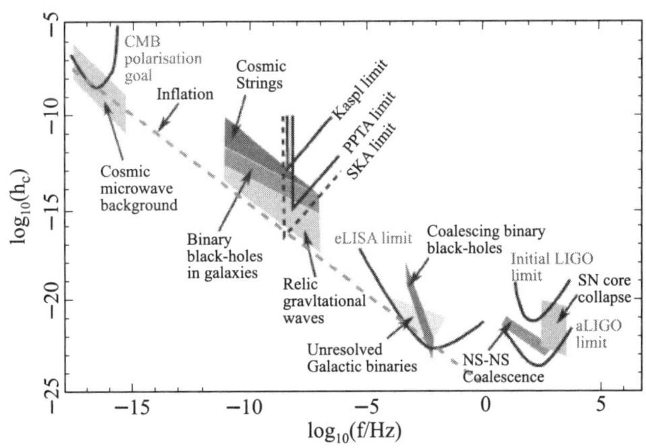

图 2 不同来源的引力波。横坐标为引力波频率的对数，纵坐标为强度，取自 [2]

[1]爱因斯坦和罗森将论文投稿到《物理评论》，不过后来该文的匿名评审者罗伯逊（Robertson）指出了其中的问题。爱因斯坦最初不熟悉美国所有论文都要经过专家评审的惯例，对《物理评论》的编辑让人评审该文十分不满，因而将论文转投另一杂志，并给《物理评论》编辑写了一封怒气冲冲的信。不过后来爱因斯坦在与罗伯逊讨论后认识到文中的错误，在最后发表的论文中修改了结论，但并不知道罗伯逊就是审稿人。

另一种天体物理引力波来源是大质量黑洞并合，其时标更长，引力波信号频率为毫赫兹或更低频率，在地面上已经比较难以探测，需要考虑在空间中的卫星构成的激光干涉阵（LISA，eLISA）观测。

超大质量黑洞的并合信号以及宇宙弦等可能产生的引力波信号为 10^{-8} 赫兹量级，可以通过射电望远镜（如澳大利亚的 Parkes 望远镜、我国的 FAST 以及未来的 SKA 等）对多个脉冲星到达时间的精密监测来探测到。

时间尺度更长的是宇宙大爆炸早期暴涨时产生的引力波，频率为 10^{-15} 赫兹，这些引力波会在宇宙微波背景辐射中产生有旋模式（B-模式）的偏振信号，可以通过精密观测宇宙微波背景辐射信号间接探测。

2. 引力波探测的历史

首先开展引力波探测研究的是美国马里兰大学（University of Maryland）的约瑟夫 · 韦伯（Joseph Weber）。韦伯是一位能力很强的实验物理学家，曾参与了激光的发明。他发明的引力波探测装置是共振棒（resonance bar）（图 3）。韦伯共振棒是用铝制成的具有良好振动性能的圆柱体，表面贴有压电感应器以探测棒的振动。共振棒用精心研制的减震悬挂装置吊起来，放置在真空腔中，并通过种种办法屏蔽电磁场、声波等外界其他因素的影响。当有引力波传来时，会引起共振棒的持续振动，这种振动可以被压电感应器探测到。韦伯的共振棒实验相当精巧，他和学生用这一实验装置成功探测到了悬挂在附近的另一个共振棒的振动所产生的极其微弱的引力场变化（但这种引力场变化是准静态场变化，并非引力波），从而证明了实验的可行性。由于灵敏度很高，尽管精心设计了各种隔离装置，共振棒还是会受到很多未知外界因素的影响而在没有引力波的情况下被激发。为了探测引力波而排除这些外界因素的影响，可以观测放置在两个不同地点的共振棒同时受到激发的事件。60 年代末到 70 年代初，韦伯发表了一系列论文，声称探测到了许多引力波事件，引起了学术界的轰动，全世界很多实验组开展了共振棒实验，但是这些实验未能证实韦伯的结果[2)]。不过，韦伯的实验还是使人们认识到引力波是可

[2)] 韦伯本人一直坚持他的所有测量结果没有错。后来他提出了一种理论，认为他的共振棒实验之所以探测到如此多的引力波事件，是因为共振棒在接收引力波时，其内部的整块晶体颗粒而非单个原子被引力波激发，其反应截面比普通理论估计高一百万倍（普通理论估计是他本人早前提出的），但这一理论并未被大多数研究者接受。多数研究者认为，韦伯在数据处理中不是预先定好阈值参数，而是反复尝试不同的阈值参数，直到找到阳性结果才罢休，因而不自觉地犯了“操纵数据”（data massage）的错误。长期跟踪研究韦伯引力波探测实验的社会学家哈里 · 柯林斯（Harry Collins）认为，韦伯之所以如此，可能与他二战时期在美国海军中担任猎潜艇舰长的经历有关。对于操作猎潜艇而言，如果探测到虚假信号而导致一场虚惊并没有什么关系，但如果遗漏了真实信号而漏掉了敌人的潜艇则是致命的。见 H. Collins, Gravity's Shadow-the search for gravitational waves, 2nd ed., University of Chicago Press, 2004。

以探测的。因此，美国、苏联、意大利、澳大利亚、德国等一些实验组在 70 到 90 年代发展了用低温冷却进一步降低共振棒噪声的低温共振棒实验，但也未能探测到引力波 [2, 3]。

图 3　韦伯在共振棒上安装压力感应器

从天体物理的角度，人们估计一些大质量的致密天体，如黑洞、中子星等相互绕着高速旋转时，可以产生引力波。赫尔斯（R. A. Hulse）和泰勒（J. A. Taylor）观测到毫秒脉冲星 PSR B1913+16，其周期变短的速率与通过引力辐射损失能量而导致理论计算结果完全一致，提供了引力波存在的间接证据，赫尔斯和泰勒也因此获得 1993 年诺贝尔物理学奖。

可以从理论上估算这样的天体产生的引力波传播到地球时的强度。当引力波通过某一空间时，它给出了引力波导致的空间尺度的变化。韦伯常温共振棒实验能探测引起空间 10^{-15} 变化的引力波——这样的引力波会导致大约 1 米的共振棒的长度发生 10^{-15} 的变化，相当于一个原子大小的十万分之一。这样的灵敏度已非常惊人，但合理的天体物理源（比如 LIGO 这次探测到的黑洞并合）产生的 h 只有 10^{-21}，比常温韦伯棒所达到的精度还要小一百万倍，这也是人们怀疑韦伯结果的原因之一。

1969 年，麻省理工学院（MIT）的韦斯（R. Weiss）受到韦伯实验的启发，提出并分析了一种新的探测引力波的方法[3]：用迈克尔逊干涉仪测量引力

[3]苏联的 Gerstenshtein 和 Pusotovoit 最早于 1962 年提出了用干涉仪进行引力波探测的设想，韦伯和他的学生也于 1964 年提出了类似的设想。韦伯的学生 R. Forward 后来到休斯飞机公司工作，在那里建造了第一个干涉仪引力波测量装置并发表了观测结果（1971）。但韦斯独立提出了这一想法，并对干涉仪测量进行了更为深入和系统的分析。

波。这种观测的原理是（图 4），激光通过分束器后分成两束，沿着两条不同的路径（干涉仪的两臂）传播，干涉仪两臂的末端悬挂着反射镜，激光反射回来后，两臂的激光相互干涉形成干涉条纹。当两臂长度刚好相等时干涉会形成亮纹，差半个波长时形成暗纹，因此这种测量可以精确地比较干涉仪两臂的长度。两个干涉臂末端的镜子在引力波作用下可自由运动，这时两臂的相对长度就会发生变化，引起条纹的变动。同时，为了避免地震等其他因素引起镜子的振动，需要设计多级减振悬挂系统。为了避免空气折射等因素的影响，整个系统要抽成真空。

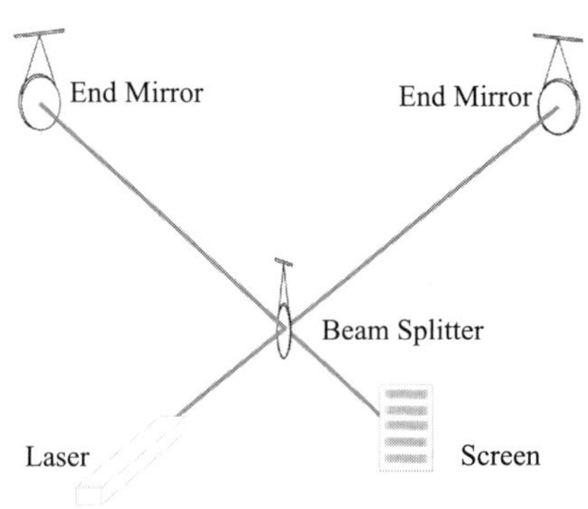

图 4 激光干涉仪原理示意图

在上述实验简单方案中，干涉仪测到的长度变化精度达到激光的波长，这已相当精确，但对于测量引力波还远远不够。通过让光在镜子间来回多次反射（法布里–珀罗腔），可以使光子的有效路程达到臂长的几百倍。另一方面，对大量光子的平均观测，也可实现比单个条纹精确得多的变化测量。韦斯以及加州理工学院（Caltech）的理论物理学家 Kip Thorne、实验物理学家 Ron Drever 进行了早期的合作研究，并提出了一系列改进测量精度的方法，形成了 LIGO 实验方案（图 5）。采用了这些设计后，对于臂长 4 千米的干涉仪，可以实现 10^{-21} 精度的距离测量，从而实现引力波探测。这个精度相当于如果测量太阳到最近的一颗恒星（比邻星）的距离，其误差只有一根头发丝大小，另外，为了从噪声中识别出真正的引力波信号，并探测到引力波的方向，需要至少两个、最好是多个安装在不同地点的探测器。LIGO 在美国西北部华盛顿州的汉福德（Hanford）核工厂以及东南部路易斯安纳州的利文斯顿（Livingston）建立了两个站点（图 6）。

除了 LIGO 以外，一些其他国家也研制了干涉仪引力波探测装置，包括法国与意大利合作的 VIRGO（建在意大利），英国与德国合作的 GEO-600（建在德国），日本的 TAMA-300 等。

作为一项基础科学实验，LIGO 实验耗资比较大（初始投资 3 亿美元，此后又有升级改造和运行的费用，到目前为止，美国累计投资 11 亿美元，此

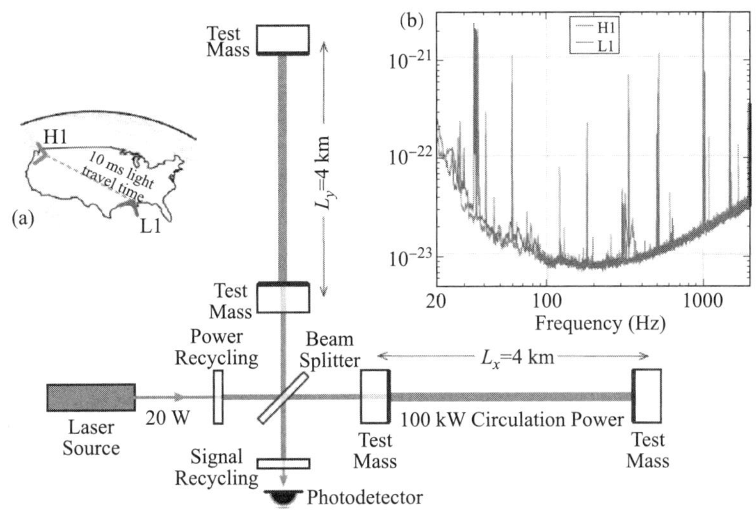

图 5　LIGO 方案，左上小图显示了两个站点在美国的位置，右上小图显示实验对不同频率信号的精度，取自 [1]

图 6　LIGO 的汉福德站点（左）和利文斯顿站点（右）

外还有其他国家的投资），而是否能探测到引力波，又有相当大的风险，因此其提出后引起了相当大的争议。一些著名天文学家如 T. Tyson，J. Ostriker 等一度提出了反对意见，但最终 NSF 和美国国会还是于 1992 年决定予以资助。经过十年的研发，2002 年 LIGO 建成并投入运行，在运行中不断改进其探测灵敏度。但到 2010 年，LIGO 在运行中还未能探测到引力波。2010—2015 年间，NSF 又投资对 LIGO 进行了技术升级，成为 Advanced LIGO（aLIGO），其探测灵敏度可比原来提高 10 倍。目前，升级后的 LIGO 系统尚未经过精密调节，还未达到设计灵敏度指标，但已比原来提高了 4 倍左右。

3. 发现引力波及其意义

2015 年 9 月 14 日，升级后的 LIGO 尚未进行正式的科学观测运行而处在工程运行阶段，但两个观测站都意外地探测到了一个引力波事件，信号如

图 7 所示。这一信号看上去质量相当好，明显超出噪声水平。由于信号质量相当好，LIGO 科学合作组又进行了大量的分析检验，表明信号不是由外界其他影响因素引起的，因此人们对这次探测到的引力波信号有很强的信心。

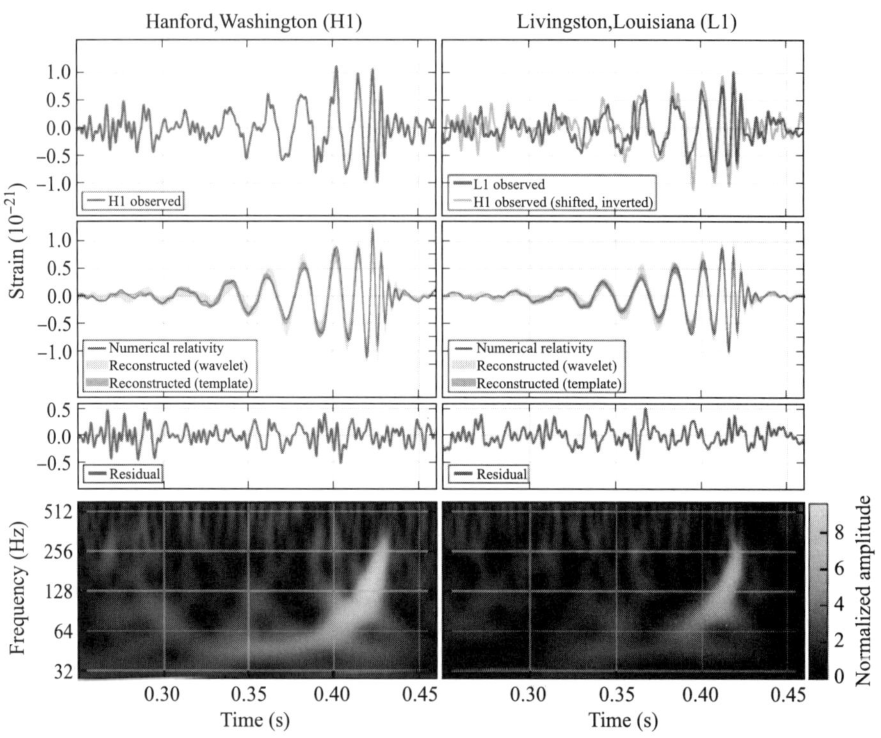

图 7 LIGO 于 2015 年 9 月 14 日探测到的 GW150914 信号，左、右分别为汉福德和利文斯顿观测站信号。上起第一行：信号波形；第 2 行：广义相对论数值计算给出的最佳拟合波形；第 3 行：拟合残差；第 4 行：时间、频率强度分布。取自 [1]

这一事件的引力波的波形非常符合广义相对论数值计算给出的质量分别为 36 和 29 个太阳质量的两个黑洞经过旋近（inspiral）、并合（merger）为一个 62 个太阳质量的黑洞，然后铃宕（ring down）的过程，并有约 3 个太阳质量的能量以引力波的形式释放出去，整个过程只有 0.4 秒（过程见图 8）。通过对引力波强度的分析，估计这一黑洞距离我们大约 13 亿光年，其位置位于南半球的天空。但是，由于仅有 LIGO 的两个站探测到了这一信号，还无法给出非常精确的位置[4]。

一百年前，爱因斯坦提出了广义相对论，提出了许多重要的预言，其中大部分逐渐得到了实验的检验，引力波是最后一项被证实的预言。引力波信号被探测到，也是对其中最复杂的、强引力场（黑洞）条件下的检验，充分

[4]在该事件发生时，意大利的 VIRGO 正在升级改造，没有开启，德国的 GEO-600 的灵敏度不足以探测此信号，且当时也未处于观测模式。日本的 TAMA-300 已关闭，正在研制更先进的 KARGA。

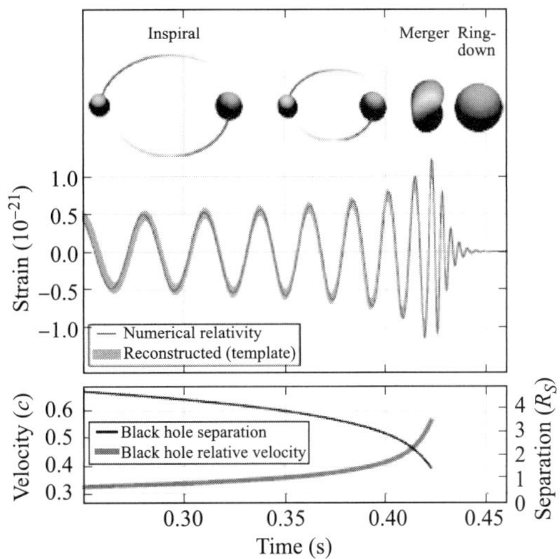

图 8　上：黑洞并合过程和相应的引力波信号；下：这一过程中两个黑洞的距离和速度变化。取自 [1]

证实了广义相对论作为描述宇宙时空的基础理论是正确的。LIGO 短期运行后就探测到这一事件，因此预期在未来将探测到更多的这类事件，因此这一发现也开启了未来对黑洞、中子星等天体进行深入研究的新窗口。

在技术方面，引力波极难探测。为了探测引力波而开展的研究，也提高了悬挂减振系统、高精度激光测量、大规模真空系统、微弱信号探测等方面的技术水平，这些可以在经济和军事的许多方面得到应用。

4. 引力波的研究趋势

目前，LIGO 的升级已完成，其灵敏度将大幅度提高，预期还会探测到更多的引力波事件。LIGO 也计划在印度再建一个站址，以实现更好的定位精度。同时，VIRGO 也在升级，日本则在研制更先进的 KARGA。地面探测装置将不断采用更先进的技术，如性能更好的低温透镜，并最终应用量子测量技术以改善观测精度等 [2]。

开展空间引力波探测难度较大，但因为可以实现更长的基线，且不受地表运动的影响，从而探测较低频率的引力波。LIGO 实验的提出者韦斯首先提出了发射三个沿地球绕太阳轨道飞行的航天器，相距 500 万千米，组成激光干涉仪三角网络进行引力波探测的激光干涉空间天线（LISA）计划。欧洲航天局（ESA）提出了将引力波探测作为其两个重大科学研究计划之一，并提出了 eLISA（evolved LISA）计划，较原 LISA 有所简化，可能在 2034 年发射。其首颗技术验证卫星 LISA PATHFINDER（又称 Smart-2）已于 2015

年 12 月发射。此外，美国在 LISA 基础上，又提出了更为宏大的大爆炸观测者（BBO）计划，由多组干涉仪构成，日本也提出了空间观测的 DECIGO 计划。

对于超大质量黑洞并合产生的纳赫兹引力波信号，可以通过长期监测脉冲星到达时间进行探测。脉冲星是天然的高精度时钟，它的信号在传到地球的路途中，受到引力波影响，其脉冲周期会发生微小的改变。通过长期精密地监测全天多个脉冲星的脉冲到达时间，可以探测到这种引力波信号。目前，国外的一些射电望远镜已开始进行这种监测，但精度还未能达到探测到引力波的程度。未来，观测这种信号是平方千米阵（SKA）的最重要的科学目标之一 [3]。

宇宙大爆炸产生的原初引力波会影响宇宙微波背景辐射的偏振，产生一种独特的 B-模信号。通过观测这种 B-模信号，可以推断引力波的存在，并进而推断宇宙起源过程。2014 年，美国在南极进行观测的 BICEP 实验宣布探测到了宇宙微波背景 B-模，并认为发现了宇宙大爆炸产生的原初引力波 [4]。但是，Planck 卫星后来发布的观测结果表明，在 BICEP 观测的天区，银河系产生了相当强的偏振信号（此前 BICEP 实验组认为该天区不会有很强的银河系辐射)，因此 BICEP 观测到的可能不是来自大爆炸的信号，而是银河系的信号，而后者与引力波无关。目前，BICEP 以及一些其他实验组仍在积极策划进行更大范围、更精密的观测，日本也在准备发射一颗称为 LiteBird 的探测卫星，进行这方面的探测。

5. 我国未来的引力波研究

我国在 20 世纪 70 年代曾在中山大学开展共振棒实验研究，但后来实验负责人陈嘉言教授不幸在实验中因触电事故去世，这一实验进行了一段时间后也停止了。

此后我国有一些学者开展了研究，或参与了国外的实验研究，如清华大学的一些研究者参加了 LIGO 实验组。另外，很多我国的留学人员参与了国外的引力波实验。目前，在国外的几个主要实验组，特别是在 LIGO 和澳大利亚的引力波实验组中，都有许多华人研究者。另外，我国也有人研究过一些特殊情况下的引力波探测实验技术，如重庆大学李芳昱教授等研究了用微波共振方法探测 10^9 赫兹频率的高频引力波的实验设想。我国一些研究人员也提出过与澳大利亚合作，在国内兴建地面引力波探测天文台的建议 [2]。由于任何单个地面探测站无法确定引力波的方向，需要综合多个不同地点的探测站的数据才能精确测量引力波方向，因此如果在我国进行地面引力波实验，与国外合作进行测量，有一定的科学意义，同时其所发展的技术对于未来空间的引力波探测也是有用的。如果不在我国进行地面引力波实验，也可考虑进行国际合作，正式参与一些国外的地面激光干涉实验计划，达到培养人才、掌握技术、分享科学成果的目的。

相对于国外起步已久的地面引力波实验，开展空间研究具有更为长远的发展前景。2008 年，中国科学院力学研究所微重力实验室牵头提出、多个科学院和高校开展了空间引力波探测的论证，列入了中国科学院制订的空间 2050 规划，并启动了中国科学院先导项目对探测进行了研究。考虑的方案是绕太阳轨道，但考虑了天文源的特点并综合技术上的要求，对任务方案进行了分析优化，与 LISA 的主要区别是采用较短的臂长，对中等质量黑洞并合有更好的灵敏度 [5]。2016 年，这一计划被命名为太极计划。也考虑了与欧洲的 eLISA 合作，出资 20% 参与 eLISA 的方案。同时，考虑到技术发展的需求，提出了先发射地球低轨卫星，进行地球重力场测量并研制激光干涉技术的路线图 [2]。另一方面，中山大学于 2015 年提出了天琴计划，这一计划设想发射三颗地球高轨道卫星构成激光干涉阵，针对已知的天文源（一些近距离的双星）产生的引力波信号进行探测，但具体的方案还在研究中。作为技术发展的步骤，计划首先开展对月球精确激光测距的研究。这几种方案都设想在 2030 年以后发射。总之，从长期发展的前景看，开展空间引力波探测具有重要的科学意义，对于发展相关的高新技术也是有力的推动，如能及时部署，我国在这一方面有可能占有一席之地。但是空间引力波探测实验有相当的技术难度并需要较大的投入，如开展研究需要凝聚全国的研究力量，并进行深入的科学和技术论证，制订长远的、切实可行的发展规划。

开展宇宙微波背景辐射观测可以实现对原初引力波的探测。考虑到我国此前没有开展宇宙微波背景辐射观测的经验，与国外的研究组合作开展此方面研究，可能是在国际竞争中取得跨越发展的捷径。BICEP 实验组目前正在北半球寻找合适的观测站址（主要要求海拔高、空气干燥），中国科学院国家天文台在西藏阿里地区一个站点具有较好的观测条件，中国科学院高能所已与 BICEP 研究组进行了接洽，制订了初步的合作实验方案，这是一个在短期内以中等规模投资可以实现的研究计划。

通过脉冲星到达时间监测是一种探测超大质量黑洞并合产生的引力波的方法。我国正在研制的全球最大口径（500 米）单天线望远镜 FAST，将脉冲星观测列入其两项主要科学目标之一。另外，我国也计划加入 SKA，脉冲星观测也是我国重点关注的科学领域之一。此外，我国目前在酝酿中的一些射电望远镜设想也以脉冲星观测为重要科学目标，建成后将开展这方面的研究。除了引力波本身的研究外，LIGO 探测到的引力波来自一些致密天体如黑洞、脉冲星等的并合。这些过程对应的电磁辐射信号究竟是什么？另外超新星爆发、伽马射线暴、快射射电暴等一些天文上观测到但并未完全理解的现象也可能产生引力波。因此，开展多波段观测对比也有很大的重要性。我国研制的天籁实验阵列适合进行射电频段的长期监测，正在合作研制的 SVOM 卫星可进行全天变源的监测，这些实验也可以在引力波研究中发挥一定作用。总之，一些天文手段特别是射电天文学研究可以在今后的引力波研究中发挥相当重要的作用。

参考文献

[1] B. P. Abbott et al. (LIGO Scientific Collaboration and Virgo Collaboration), "Observation of gravitational waves from a binary black hole merger", Physical Review Letters 116，061102(2016)

[2] D. Blair et al., "Gravitational wave astronomy: the current status" (invited review), Science China Physics, Mechanics, Astronomy, 58, 120402(2015), arxiv: 1602.02872.

[3] G. H. Janssen et al., "Gravitational wave astronomy with the SKA", in "Advancing Astrophysics with the Square Kilometre Array", Proceedings of Science, PoS(AASKA14)037, arxiv: 1501.00127.

[4] P. Ade et al. (BICEP2 Collaboration), "BICEP2 I: Detection of B-mode polarization at degree angular scales", Physical Review Letters 112, 241101(2014).

[5] 龚雪飞等, "空间激光干涉引力波探测与早期宇宙结构形成", 天文学进展, 33, 59(2015).

爱因斯坦方程和数值相对论

曹周键

曹周键，中国科学院数学与系统科学研究院研究员。

一、从天文物理到爱因斯坦方程和数值相对论

黑洞和引力波都是爱因斯坦广义相对论美妙的理论预言。它们作为爱因斯坦方程的解，最早是从理论上发现的。天文观测发现恒星质量级黑洞和百万太阳质量以上的超大质量黑洞遍布宇宙。引力波存在的间接实验证据 1978 年被泰勒（Joseph Hooton Taylor）和赫尔斯（Russell Alan Hulse）观测得到，并获得 1993 年的诺贝尔物理学奖。从韦伯开始，经过科学家们几十年的努力，引力波的直接测量也在 2015 年 9 月 14 日被美国 Advanced LIGO 引力波探测器成功完成。联想星系中心超大质量黑洞这样的庞然大物（图 1 左）和横竖分别蔓延 4 千米的巨大引力波探测器 LIGO（图 1 右），再对比数学家笔下那几行简洁的爱因斯坦方程，我们会感叹广义相对论的美妙、爱因斯坦方程的神奇。

图 1　左：银河系中心的超大质量黑洞，质量约为 440 万个太阳质量，半径约为 660 万千米。右：两台 LIGO 探测器的其中一台，位于汉福德（Hanford）。另外一台位于列文斯顿（Livingston）

爱因斯坦方程神奇的背后隐藏的是微妙和复杂。在奥本海默（J. Robert Oppenheimer）等人发现黑洞解时，他们使用了球对称假设，简化了爱因斯坦方程。爱因斯坦发现引力波时考虑的是没有任何引力对应时空的微扰，只求解了线性化爱因斯坦方程。对称性假设能简化爱因斯坦方程多少呢？克里斯托杜卢（Demetrios Christodoulou）从小就被人们称作希腊神童，1971 年他不到 20 岁就拿到普林斯顿大学的物理学博士学位，师从广义相对论大师惠勒（John Archibald Wheeler）教授。2009 年，克里斯托杜卢出版了一本专著《广义相对论中的黑洞形成》(The formation of black holes in general relativity)。在前言中，他这样写道，这本书所讨论的问题是惠勒教授最早给我的博士论文题目，总算可以给恩师一个交代了。对比奥本海默的黑洞解，克里斯托杜卢的问题没有了球对称性；但奥本海默考虑了流体物质与爱因斯坦方程的耦合，克里斯托杜卢考虑的是真空，也即只有爱因斯坦方程。没有了球对称约化的爱因斯坦方程，希腊神童花了近 40 年时间来研究。

放弃对称性假设和线性化爱因斯坦方程对应的弱场低速近似只是数学家们“洁癖性”的盲目追求，还是物理世界的客观需求呢？引力波探测是一个典型的例子。引力波强度极弱，这是引力波探测困难的根本原因。弱场低速近似对应的引力波源所发射引力波弱到难以被探测到。现实的引力波源更是毫无对称性可言。对比克里斯托杜卢这样神童的解析分析，其所得定性的分析结果不能满足实际物理问题的需要，比如说引力波探测实验的需要。对爱因斯坦方程进行数值求解成为解决现实物理问题的必要工具和手段。数值相对论就是在这么一个背景下，伴随着引力波物理的研究发展起来的一个广义相对论研究方向。放弃弱场低速近似的爱因斯坦方程只是人们定量上的追求，还是能揭示什么本质物理现象呢？Choptuick 在 1993 年利用数值相对论发现的引力临界现象，作为一个很好的例子，对这个问题给出了明确的回答。引力临界现象是引力物理中很本质的一个物理现象，它同时又是爱因斯坦方程非线性特点所给出的物理结果。所以，我们预期，放弃对称性约化和弱场低速近似的爱因斯坦方程本身必定隐藏着丰富的引力物理规律等待着人们去挖掘，进而通过实验去发现。而数值相对论是这个研究过程中必要的工具和方法。

二、从计算几何谈起

爱因斯坦方程的未知变量是描述时空几何的度规。值得注意的是，爱因斯坦方程是一个张量方程，定义它的背景流形由其解决定，而不能预先给定。度规是流形的内禀几何量，数值求解度规的问题可叫作计算几何问题。根据度规的号差，几何被分成黎曼几何、洛仑兹几何和其他的几何。对于黎曼几何，人们可以在点、线、面为元素的几何上定义若干的曲率变量来建立离散的几何描述。进而以这样的描述体系为基础，发展出计算方法。随着点、线、面个数的增加，上述的离散几何描述会收敛到通常连续流形描述的几何图像（如图 2 所示）。相应地，数值计算结果也收敛到连续流形所描述的物理问题上去。上述体系的想法最早由雷杰（Regge）提出，后来被称作雷杰微积分（Regge Calculus）。到目前，计算黎曼几何问题在计算几何中已得到较成体系的发展，甚至有成熟的计算黎曼几何商业软件被开发出来并被应用于临床医学中。

图 2　离散黎曼几何示意图。图上部平面的点、线、面组成简单的集合，其上定义某些曲率变量后，它们就可以描述图下部的黎曼面对应的几何

数值相对论问题是计算洛仑兹几何问题。在雷杰原初的工作中，雷杰微积分包括对洛伦兹几何的处理。但相较之下，计算洛仑兹几何的数学基础还远远没成体系。做一个不甚恰当的类比。把爱因斯坦方程形式地用到黎曼几何上，其方程行为很像一个椭圆方程。把爱因斯坦方程用到洛仑兹几何上，其方程行为很像一个双曲方程。椭圆方程的数学理论体系非常完备。非线性在椭圆方程问题中不具有本质的困难。双曲方程的情况就完全不同。目前的数学理论对非线性双曲方程还远远做不到系统化的处理。就连非线性波动方程，目前人们也只能做到特殊情况特殊处理的程度。由此，我们预期计算洛仑兹几何问题远不是计算黎曼几何问题往洛伦兹几何推广那么简单。

三、偏微分方程眼光看数值相对论

爱因斯坦方程作为张量方程，本身也不是显式的偏微分方程。为了得到显式的偏微分方程，我们需要选用适当的坐标或者标架把作为张量方程的爱因斯坦方程展开成分量形式的方程。这样做的后果是广义相对论原有的协变性被这一步操作破坏掉，也给如何从后续得到的数值解提取坐标不依赖的物理结果带来若干困难。但这是上述计算几何思路不成功的情况下，我们唯一的选择。

使用不同性质的坐标选择，约化爱因斯坦方程所得到的偏微分方程形式差别也很大。如果使用类光形式的坐标，所得到的方程是特征线形式的方程。所以这种形式的约化方法又叫作特征初值问题。这种处理方法优点是方程表现为常微分方程的形式，数值计算易于处理。缺点是在强引力场区域容易产生坐标奇点，而且其边界条件和初始条件难以和物理设定相联系。

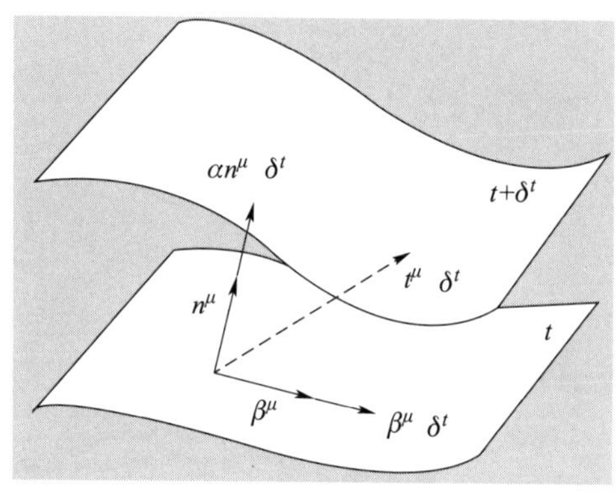

图 3　时空流形做 3+1 分解的示意图。等时间面给出 3 维空间的几何，对应通常物理图像中的空间。虚线给出时间坐标线的走向，沿该方向空间坐标保持不变。时间坐标的方向也就是柯西问题的时间演化方向

如果使用类空分层搭配以类时时间坐标线结合的坐标（示意图见图 3），所得到的方程主要是柯西初值形式的偏微分方程。人们也很形象地把这种约化方式称作 $3+1$ 分解方法。把爱因斯坦方程约化成柯西初值问题的第一步是把时空流形作 $3+1$ 分解，3 维的类空超曲面对应柯西问题的空间，剩下的 1 维对应时间。约化过程第二步是挑选未知函数。这一步是爱因斯坦方程很特殊的特点造成的。就数值相对论最终问题而言，爱因斯坦方程未知函数就是时空的度规系数，共计 10 个。10 个未知数对应爱因斯坦方程的 10 个方程，表面上看正好求解。但由于收缩比安基（Bianchi）恒等式这个几何性质，这 10 个方程不独立。收缩比安基恒等式有 4 个分量，导致只有 6 个方程是独立的。这意味着 10 个度规系数中的 4 个自由度是不受方程控制的，刚好对应微分同胚变换的 4 个自由度。历史上，希尔伯特正是通过这个几何考虑修正爱因斯坦提出的原始爱因斯坦方程，得到正确的希尔伯特–爱因斯坦作用量。10 个未知函数，只有 6 个自由度是受爱因斯坦方程限制的。这里自由度和函数的差别是自由度可以是函数及函数的各种导数或者积分的组合。所以如何选择自由度来使用爱因斯坦方程求解就是这第二步的问题。第三步

是如何确定余下 4 个自由度。从微分同胚的角度看，这 4 个自由度可以任意指定。所以这 4 个自由度又往往被称为规范自由度。但不同指定方式会极大地影响偏微分方程的性质。比如说有的指定方式得到强双曲偏微分方程，而有的指定得到弱双曲偏微分方程。

爱因斯坦方程的适定性是没有问题的，这是很多广义相对论教科书都会提到的结论。但是这个陈述是需要被仔细说明的。更确切地说，法国著名女数学家 Yvonne Choquet-Bruhat 在 1952 年利用调和坐标约化爱因斯坦方程，其所得偏微分方程是典型的非线性波动方程组。Choquet-Bruhat 证明了该偏微分方程组短时间解的存在唯一性，也即偏微分方程理论中的适定性。由于广义相对论的微分同胚协变性，也即坐标变换下的不变物理性质，人们通常把该结果陈述为爱因斯坦方程解的短时存在唯一性。这样的理解和陈述都没有问题。但如果把这个理解往前解释为爱因斯坦方程任意约化形式的偏微分方程也自动具有类似的适定性就可能会犯错了。实际上，数值相对论的数值测试结果表明，不同约化方式得到的不同偏微分方程具有非常不同的解的行为。但可惜的是，哪些偏微分方程形式具有好的适定性，哪些形式却没有，这样的问题直到现在也没有得到系统的研究。实际上，相关的结果也寥寥无几。

上述自由度数目的问题导致爱因斯坦方程约化得到的柯西初值问题是一个约束演化系统。等时间面上需要满足的约束方程被演化方程自动保持。这个性质一方面是一个好消息，它使得我们可以只考虑演化系统。但另一方面它给我们带来了偏微分方程约化的复杂性。约束方程自动满足的性质意味着我们可以把约束项任意添加到演化系统中。这样的增减操作可以很大程度上改变偏微分方程的性质。而我们失去了物理上的指导性，无法判断怎样的加减能得到性质比较好的演化方程系统。如是的爱因斯坦方程计算用偏微分方程形式问题折磨了数值相对论学家们几十年的时间。靠着反复的数值计算测试和基本的偏微分方程性质分析，人们终于在 2005 年到 2006 年间找到了两个在实际计算中表现良好的偏微分方程形式。还有没有其他的偏微分方程形式能在计算中保持良好？为什么这两个偏微分方程形式表现良好？使计算保持良好的充分条件、必要条件是什么？这些问题直到现在仍然是一个谜。

四、数值相对论中的初边值问题

足够强的引力场会形成黑洞，物理地讲，黑洞被一个事件视界包着，在黑洞中心处会有奇点或者奇环出现。也许在真实的物理情形下，奇点或者奇环并不存在。但理论上这个问题涉及量子引力的范畴，而量子引力理论到目前还没有被建立起来。在经典广义相对论框架下，事件视界是一个因果关系的分界面，事件视界以外的时空区域可以影响事件视界以内的区域，但事件视界以内的区域不能影响事件视界以外的区域。物理上我们可以假定彭罗斯（Penrose）提出的宇宙监督假设是成立的，于是黑洞的物理奇点都隐藏在黑洞的事件视界以内。在趋于奇点的时候，时空曲率等物理量和几何量都会变成无穷大。在数值计算中，这样的行为会导致内存中出现非数的结果而让整个程序终止运行。为了应对这个问题，数值相对论学家们的做法是把事件视界以内的区域排除在数值计算区域之外。由此，数值相对论所面临的柯西问题变成了一个有边界的问题。而且这个边界是物理问题没有而计算问题引入的新边界。如何给定此处的边界条件是一个微妙的问题。原则上说无论给什么边界条件都不会影响事件视界以外区域的时间演化。这是因为变量信息不会跑出黑洞的事件视界。但这个结论只对物理自由度成立，非物理自由的是会被这个边界条件影响的。而且这个边界条件会影响数值计算的稳定性。第二是，黑洞在演化过程中会移动，这样会使得之前在事件视界以内的计算格点在之后变成事件视界之外的格点。而在计算区域外的格点是没有数据的，变到计算区域内后所需数据如何给定也是一个微妙的问题。这些问题在偏微分方程的初边值层面没有任何的理论结果。所以在数值计算方面得不到任何来自理论的指导。直到现在，数值相对论学家们还是采取物理图像指引算法设计，然后对比计算结果和物理预期来检验算法的对错。

物理上，引力波源通常用孤立体系来描述，对应一个渐近平直时空，是一个空间无穷大的系统。但在数值计算上没有办法处理计算区域无穷大的问题。原则上有两个方法来处理这个问题，一个是采用共形压缩的方法把无穷大变成坐标意义下的有限大。但这样的处理方式会导致引力波在有限坐标处堆积，数值上要么导致不稳定，要么会在该处强烈耗散导致计算不准确。第二个方法就是在足够远的地方截断。这样就会引入一个边界，而且这个边界完全是数值计算需要而引入的，是一个人为的边界。所以物理上没有边界条件对应。如何设定这个人为边界的边界条件是一个数学、物理、计算三个方面交织的问题。在数学层面，我们想要一个具有适定性初边值问题的边界条件。现在，在完整非线性的爱因斯坦方程层次上，这样的边界条件还是未知的。在平直时空微扰的线性化爱因斯坦方程层面，这样的边界条件已经被提出来。大致思路是，以平直时空为背景选取法于边界的外行和内行类光方向，以它们为参考来分解爱因斯坦方程的自由度。考察约束方程，把这些自由度分为约束自由度和非约束自由度。通过约束方程把约束自由度用非约束自由度表出。接下来相对于外行和内行类光方向把非约束自由度分成外行自由度和内行自由度。对于外行自由度，利用线性化爱因斯坦方程的特征线设定它们的边界值；对于内行自由度，基于无反射的物理假定，把它们的边界值设定为 0（示意图见图 4）。在物理层面上，我们想要这样一个边界条件：通过该边界条件算出的结果和无穷大空间系统所对应的解是一致的。可以相信，这样的边界条件一定满足数学层面的适定性初边值问题。而且这个边界条件能很确切地描述物理场在人为边界处的行为。这个问题其实并非数值相对论特有，在电磁波、地震波等问题中人们就处理过类似的问题。但对比这些问题，爱因斯坦方程特有的特点是引力波一边传播一边造成时空弯曲而对引力波的传播形成反散射作用。而在其他的问题中，物理场在人工边界处是单纯的外行波，所以问题简化为如何实现边界处零反射。从而让人们提出了许许多多的理想吸收边界的边界条件。爱因斯坦方程的反散射让这个边界条件问题变得复杂。为了得到物理层面的边界条件势必需要我们搞清楚反散射的行为。在物理层面的这个问题目前还没有任何结果。

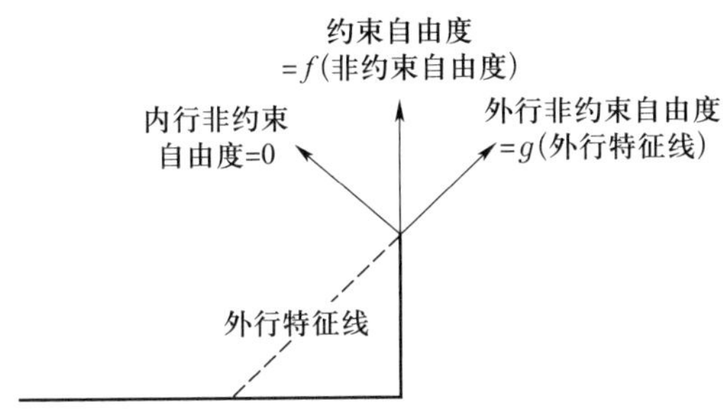

图 4　微扰法设定数值相对论外边界条件的思路示意图。横竖分别代表空间和时间方向。45 度方向为类光方向。横线代表计算区域，竖线代表不同时间的外边界，虚线代表外行特征线走向

五、从数值解中提取物理结果

数值相对论基于柯西问题得到的数值解是在数值计算所选坐标系下的离散度规系数解。在广义相对论中只有不依赖于坐标选择的结果才具有物理意义。为了从数值解中提取出物理结果，我们需要对所得数值解做相应的后续分析工作。

为了描述黑洞，我们选取视界来刻画黑洞的性质。视界是不依赖于坐标选择的几何客体。事件视界是整个时空渐近平直区的因果边界，其分析需要全时空的数值解，操作起来不方便。表观视界是刻画时空陷俘区域边界的几何客体，所以它也可以被用来刻画黑洞的性质。霍金（Stephen William Hawking）证明过数学定理保证表观视界一定在事件视界的内部。所以表观视界也可以用来刻画时空的部分因果关系。由于表观视界的分析只需要比较局部时空的数值解，所以分析起来比事件视界方便。数值相对论学家们也比较喜欢使用表观视界来分析数值模拟所得时空黑洞的性质。表观视界的寻找过程是基于离散时空解求解一组椭圆型偏微分方程组的过程。而对于求解过

程，数值相对论学家们采取了类似于里奇流（Ricci flow）的方法。图 5 是一个例子，给出从数值解中寻找出的表观视界的情况。图中例子对应质量比为 1 : 10 的两个黑洞相互绕转的情况。

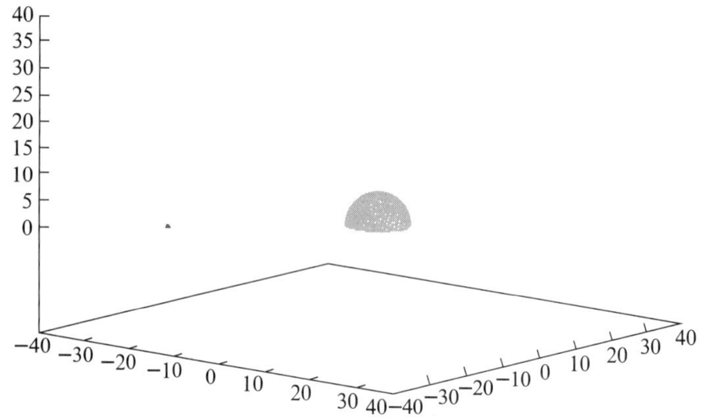

图 5　从离散时空解分析得出表观视界的结果。这里对应的物理情形是质量比为 1 : 10 的两个无自旋黑洞相互绕转。图中只显示出轨道平面以上部分的结果，轨道平面以下部分与示出部分呈镜面对称。小球面是小黑洞对应的表观视界，大球面是大黑洞对应的表观视界

为了避免近场效应和广义相对论规范自由性的影响，人们通常在类光无穷远处描述引力波的特性。Bondi-Sachs 理论框架给这样的描述提供了完备的理论基础。但 Bondi-Sachs 理论框架只给出了引力波产生的定性描述。为了定量刻画波源所产生引力波的特性，我们可以基于数值计算的离散时空解使用 Bondi-Sachs 理论框架，提取出坐标不依赖的引力波信息。数值相对论为了辅助引力波探测，在引力波模板研究方面采取的就是这个分析方法。图 6 右给出了相关的一个例子。

六、双黑洞的数值模拟

由于前述提及的一系列困难，不要说用数值计算研究物理问题，更不要说数值计算结果的准确性好坏，数值相对论学家们对双黑洞的模拟曾经长时间处于不会算的阶段。或者说双黑洞在模拟中运动刚不久，程序就出现非数而异常退出。早在 1964 年，Hahn 和 Lindquist 就开始了双黑洞数值模拟的研究。直到 2005 年，Frans Pretorius 得到第一个双黑洞并合过程的数值模拟。其间的 2000 年左右，当代广义相对论研究的大师 Kip Thorn 曾悲观地说，“很可能引力波探测的实现比双黑洞的数值模拟还要早日实现”。第一个双黑洞并合过程数值模拟的结果不仅让 Frans Pretorius 拿到了普林斯顿大学的教授职位，他还因此被评为 2007 年度的美国十大杰出青年之一。

虽然双黑洞数值模拟为什么成功、为什么失败在数学理论上仍然是一个

开放的问题。但目前世界上已有十来个数值相对论研究小组相对独立地利用物理分析、数值计算测试和线性偏微分方程理论解决了双黑洞数值模拟的问题。其中有 4 套数值相对论软件可供公开使用。AMSS-NCKU 软件是其中一个可以被公开使用的数值相对论软件。图 6 是该软件模拟双黑洞的一个例子。

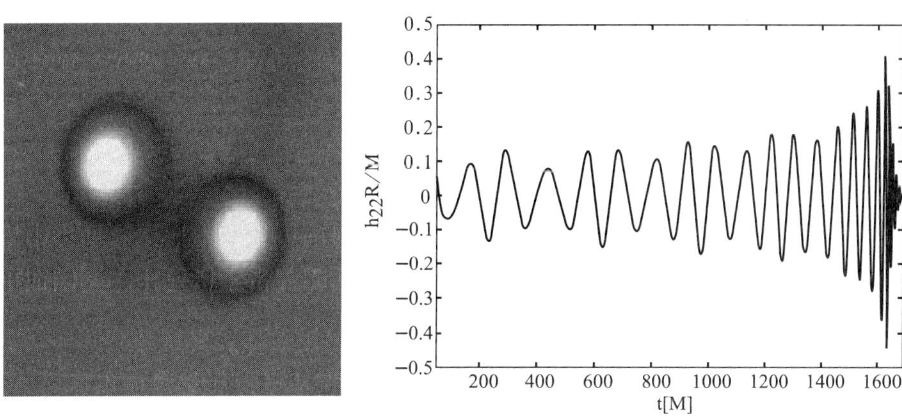

图 6　使用 AMSS-NCKU 数值相对论软件完成的双黑洞模拟结果。左：绕转过程中某时刻的双黑洞位形。右：绕转后期、并合、铃宕阶段的引力波波形图。这里所示的双黑洞沿椭圆轨道绕转，早期轨道的离心率约为 0.1。引力波形中振幅大的时间对应两个黑洞处于近心点的位置，振幅小的时间对应两个黑洞处于远心点的位置

七、小结

引力波的首次探测实验证实了爱因斯坦 100 年前的理论预言，这个结果让人们兴奋不已，但这只是意味着引力波天文学这扇大门刚刚被打开。引力波天文学的发展和爱因斯坦方程的研究相辅相成。爱因斯坦方程的研究离不开数值相对论作为工具和手段，而数值相对论的发展又和爱因斯坦方程性质的研究相互交错。我们预期，引力波天文学的发展必将从实验方面推动数值相对论的研究，而数值相对论的发展将依赖和带动爱因斯坦方程理论研究的发展。希望若干年后，人们能得出系统的数学理论体系指导数值相对论的算法设计；通过数值计算发现和预言新的引力物理规律，指导引力波天文学实验的进行，进而从实验上证实这些广义相对论的崭新理论预言。

引力能量和规范场论范式

陈江梅，James M. Nester

陈江梅，台湾“中央大学”物理系教授，研究领域为引力场、宇宙学和弦理论。
James M. Nester，台湾“中央大学”物理系教授，研究领域为引力场和相对论。

从现代认知看，我们熟知的物理学上的相互作用都可以理解为：与特定局部对称性有关的规范场论。然而不那么广为人知的是：该规范场论范式根源于爱因斯坦的引力理论，即广义相对论，且大部分是和引力系统能量有关的难题。

1. 引言

如果要求一个人用一个词来描述对 20 世纪基础物理理论进展的理解，一个好的选择是对称性，且大部分新的理论物理思想都涉及对称性。本质上它们可以看作是艾米 · 诺特（Emmy Noether，1882 — 1935）于 1918 年所证明的两个定理的应用，其中这两个定理涉及对称性（用李群变换描述）与动力学方程（由哈密顿最小作用量原理推得）之间的关系。简而言之，诺特第一定理将守恒量与全局对称性（即常量参数）关联起来，第二定理则涉及与局部对称性（即对称性取决于作为参数的函数）相关的动力学方程中的微分恒等式。第二定理的一个关键成果是：作为现代规范场论的数学基础，其中规范场论描述了四个基本的物理相互作用（强、弱、电磁、引力），但是当时没有人能够想到这一成果。值得注意的是：诺特感兴趣的是数学而非物理（基于她后来的工作被称为“近代代数之母”）。尽管诺特知道她在 1918 年所著论文的价值，但论文中两个著名定理并不是她主要兴趣的核心，事实上，她从来没有引用过这个著作，也没有指导她的学生检验它或做更进一步的研究，因此很多人可能会自然地怀疑：为什么诺特还会做这项研究呢？答案相当简单，那就是：为了澄清爱因斯坦（Albert Einstein，1879 — 1955）的广义相对论中提出的和引力能量有关的某些问题，而这些问题是她在哥廷根（Göttingen）时的指导老师大卫 · 希尔伯特（David Hilbert，1862—1943）和菲利克斯 · 克莱因（Felix Klein，1849—1925）所关注的。为了领会该定理的思想建立过程，我们需回顾爱因斯坦最终于 1915 年提出的广义相对论的奋斗史。

2. 爱因斯坦创立广义相对论的坎坷之路

1912 年，爱因斯坦离开布拉格查理大学（Charles University in Prague）返回到瑞士的母校苏黎世联邦理工学院（ETH）。这次他带来一个新观点：引力应该用时空的度规来描述。为了更好地理解黎曼（Riemann）和里奇（Ricci）建立的度规几何，爱因斯坦向他的老朋友和同事马塞尔 · 格罗斯曼（Marcel Grossmann，1878—1936）寻求帮助。爱因斯坦想要推广他于 1905 年提出的相对论（现在被称为狭义相对论）中的惯性参考系，使得参考系更一般化。他希望有一个能为所有观察者所用的理论，不论观察者的运动状态或参考系是什么，且使得该理论满足广义协变性原理。但是由于当时的一些误解和错误，爱因斯坦和格罗斯曼不久发现：不可能有一个能量守恒且在适当的极限下约化到牛顿引力的广义协变理论。[1] 尽管离最终的理论只有一步之遥，但他们却提出了有限协变性的构思，这仅局限于能量守恒的参考系。爱因斯坦甚至提出了“空穴论证”，旨在证明没有广义协变性理论满足决定论。他认为：在广义协变性理论中，若考虑一个没有物质的洞，其外部的物质并不能唯一地决定洞里面的物质的度规。最终于 1915 年秋，爱因斯坦找到了建立他理论的正确道路并提出了广义协变的引力理论，即我们现在所熟知的广义相对论（简称 GR），并以新的观点“点一致论证”代替先前的“空穴论证”，该论证解释道：时空中的点仅由物理事件来区分。

3. GR 和能量

似乎不那么广为人知的是，引力能量，或者更准确地说是否存在或者如何最佳地构造一个对引力作用系统能量（即所有的真实物理系统）的物理描述，在 20 世纪物理学的发展中起到了重要（在很大程度上还未被认知）的作用。

爱因斯坦在 1913—1918 年期间发表的关于引力的几十篇论文，以及他和同时期的人探讨引力话题的通信表明：当时大部分论文或通信都有关于引

[1] 当时主要的困难是：关于如何达到牛顿的极限爱因斯坦有一个错误的观念，且他们并没有意识到某些恒等式，现在称为“缩并的 Bianchi 恒等式”，它们从黎曼几何中发展而来，且为我们建立能量守恒的协变理论清晰地指明了方向。

力能量问题的重要思考。[2)]

3.1 原理

关于爱因斯坦推导他的引力理论使用的所有原理: 相对性原理（关于什么是广义相对论的真正含义）、马赫原理、等效原理、尤其是广义协变性原理，长期以来一直存在争议。对于广义协变性原理，Kretschmann 在 1917 年指出：广义协变性并不具有真正的物理内容，且与相对性原理的延伸并无关联。他认为：任何理论都可以用广义协变的形式重新表述出来。因此从不同的角度审视问题，广义协变性实际上存在着很深的根本分歧。

4. 一些历史背景

对于爱因斯坦、希尔伯特、克莱因、诺特对引力能量和规范场论问题的贡献，我们从一些历史背景说起，我们尤其关心诺特关于能量–动量的基本性质的研究成果。

注意和我们讨论话题有关的 1915 年发生的一些事件：艾米 · 诺特于 1915 春来到哥廷根；同年的 6 月下旬和 7 月上旬，应希尔伯特的邀请，爱因斯坦在哥廷根做了 6 场均长达两小时的演讲；这激发希尔伯特发展了他自己的研究课题，并于 11 月 16 日和 20 日报告了他的称为“物理学基础”的研究成果，于 19 日递交了论文的初稿（最终于 1916 年 3 月发表）；同时爱因斯坦终于找到了建立他理论的方法，并于 11 月的 4、11、18、25 日陆续向普鲁士科学院（Prussin Academy of Sciences）递交了他的论文，并于一个星期后发表，其中最后一篇给出了满足能量守恒的广义协变性方程。

4.1 希尔伯特的“物理学基础”

在 1915 年 12 月 4 日的一封信中希尔伯特写道：数学物理的发展（爱因斯坦的引力理论、时空理论）目前正朝着不可预见的高峰前进，而在这个发展上诺特是我最成功的合作者。

希尔伯特工作的“主题”可表述为下面的定理：

> **定理 I.** 对任一有 n 个变量的系统，可从 1 个广义协变的变分积分得到 n 个具有 n 个变量的欧拉–拉格朗日微分方程，其中任意的 4 个方程均可由其他的 $n-4$ 个方程推导出来，换言之，在这 n 个方程及它们的导数中，总存在 4 个线性无关的组合会被自动满足。

[2)]对此感兴趣的人可以容易地找到相关资料自己阅读，对于爱因斯坦迄今为止发表的所有论文，包括原文和英文翻译都可在网站 http://einsteinpapers.press.princeton.deu 上免费读取。

人们通常从爱因斯坦广义相对论的角度来审视希尔伯特的工作，但是他有自己的观点和研究课题。他所做研究的主要目的是调和广义协变性与它的唯一确定性之间的紧张关系，其中对唯一确定性的缺乏是广义协变性必然的结果，且是规范场论的本质所在。一直以来，由变分原理得到的动力学方程都是具有确定性的柯西初值问题，但是在广义相对论中存在连接演化方程的微分恒等式，因此动力学方程并不是完全独立的且不能唯一地确定系统的演化。几年之后发现：处理这个问题最好的方法是哈密顿约束方法，其中这一技巧主要是由狄拉克（Dirac，1902—1984）于 20 世纪 50 年代建立。

4.2 爱因斯坦的赝张量

在 1912—1915 年期间，爱因斯坦一直在寻找满意的场方程，最后他使用了一组既明确包括一个引力场的能量–动量密度又满足能量–动量守恒原理的方程。因此，在爱因斯坦找到正确的场方程之前，他的能量–动量赝张量[3] 表达式就已存在。值得我们重视的是：事实上这是广义协变性带来的必然特征，这是以往在任何理论中从未遇到过的。正如我们已经提到的，有好几年的时间，爱因斯坦都在怀疑是否能找到一个广义协变性原理，同时他提出利用能量守恒来挑选合适的物理坐标系。

尽管爱因斯坦从 1914 年就已经开始使用变分原理，但这并不是他通向场方程的道路。希尔伯特是第一个确立广义协变拉格朗日量（又称拉格朗日函数）[4] 的人，它和黎曼标量曲率成正比。他还以一种不容易理解的复杂方式构建了“守恒的能量向量”，其中该向量散度为零，且它的拉格朗日量具有广义坐标不变性，即微分同胚不变性。

爱因斯坦的能量–动量赝张量因其给出了仅依赖于坐标系的选取但不符合物理意义的数值而受到了批判，其中薛定谔（Schrödinger，1887—1961）指出：对于一个流体球，我们可以选择一个坐标系使得球之外的能量值为零，Bauer 则指出：对于一个平直的闵可夫斯基空间（Minkowski space），我们可以选取一个坐标系使其能量值不为零。

洛伦兹（Lorentz，1853—1928），莱维–齐维塔（Levi-Civata，1873—1941）和克莱因主张：爱因斯坦的曲率张量 $G_{\mu\nu}$ 是唯一合适的能量–动量密度，因此当描述一个引力的和物质的能量–动量密度总和为零的系统时，爱因斯坦方程应该被表示成形式：

$$-\frac{1}{k}G_{\mu\nu}+T_{\mu\nu}=0$$

（这个想法最近被 Cooperstock 做了更进一步的探讨）。从现代的视角来看

[3]之所以称为赝张量是因为：它不是一个真正的张量；它没有独立与参照系选取的特性。

[4]爱因斯坦和希尔伯特有完全不同的研究课题。在爱因斯坦和 Mie 的工作基础之上，希尔伯特在他的论文“物理学基础”中使用了他的公理化方法，并提出了一个统一的引力和电磁场理论。

广义相对论，他们的观点是完全正确的，但密度并不是故事的全部，还有更多关于能量–动量问题的争论，而不仅仅只是一个密度问题。

4.3 爱因斯坦的通信

以下我们将从爱因斯坦的通信中摘录出和爱因斯坦的赝张量、希尔伯特的能量向量以及诺特的贡献有关的内容，它们揭示了在那个时代这些人所遇到的困难以及对问题的理解程度。所有这些均引自《爱因斯坦论文集》第八卷。

> “尊敬的同事，…… 我正在阅读您的相对论论文，……我正在老老实实地刻苦钻研它。根据我所理解的内容，我很钦佩您的方法。但是某些内容我还是不能理解，因此想请您帮助我做简要的说明。…… 我一点儿都不能理解能量原理，甚至于其中的一个论述。”（Dot.221 to Hilbert 25 May 1916）
>
> “我的能量定律可能与您的研究有关系，我已经将这个问题分配给了诺特小姐。…… 为方便起见随信附上诺特小姐的纸片。”（Dot.222 from Hilbert 27 May 1916）
>
> “在您的论文中，对方程（6）的解释是迷人的，但对于无法掌握您想法背后技巧的普通凡人来说，为什么您把它变得如此地难？…… 对我来说，现在除了能量定理，论文中的其他部分都是可以理解的。请不要生气我再次问您这个问题 …… 这个定理该如何理清楚？当然，如果您能让诺特小姐向我解释这个问题，这就足够了。”（Dot.223 to Hilbert 30 May 1916）
>
> “我的 t_σ^μ 正被每个人视为不正确的而予以拒绝。”（Dot.503 to Hilbert 12 April 1918）
>
> “…… 只有（24）是一个恒等式 …… 这里的关系和那些非相对性理论里的关系是完全相似的。”（Dot.480 to Klein 13 March 1918）
>
> “我已经成功地发现了希尔伯特的能量向量有组织的形成规律。”（Dot.588 form Klein 15 July 1918）
>
> “在您的论文中，我唯一不能理解的地方是第 8 页顶部的总结：ε_σ 是一个向量。”（Dot.638 to Klein 22 Oct 1918）
>
> “非常感谢您清晰的证明，我完全理解了。”（Dot.646 to Klein 8 Nov 1918）
>
> “同时，在诺特小姐的帮助下，我理解了“较高的原则”下符号 ε_σ 是一个向量的证明，其中我所寻找的这一证明在希尔伯

> 特论文初稿的第 6、7 页给出过，虽然当时的版本不能吸引对关键要点的注意力。”（Dot.650 form Klein 10 Nov 1918）

简单地说，几年之后，克莱因澄清了希尔伯特的能量–动量“向量”，并将其与爱因斯坦的赝张量联系起来，但他不同意爱因斯坦不具散度表示的物理解释。[5] 在克莱因和希尔伯特的帮助下，诺特解决了关于引力能量的主要难题。

4.4 诺特的贡献

当时克莱因正在研究爱因斯坦的理论以及爱因斯坦的能量–动量赝张量与希尔伯特的能量–动量向量之间的关系，其中希尔伯特与克莱因的一些通信被克莱因 1918 年发表在他的论文中，我们引用论文中的一些摘录。

> 克莱因写道：
>
> 你知道诺特小姐不断地给予我工作上的建议，事实上多亏了她，我才可以理解这些问题。最近当我向诺特小姐提到关于你的能量向量问题的研究成果时，她告诉我早在一年多以前，在你笔记的基础之上她就已经得到了相同的结果（因此不是从我第四节的简化计算得来），然后她把所有的结果整理成了手稿（这是我随后能够阅读到的）。
>
> 希尔伯特回复：
>
> 事实上，我完全同意你对能量定理的陈述。一年多以前我向艾米 · 诺特寻求援助，来澄清和我的能量定理有关的解析性这一类型的问题，当时她发现：我提出的能量向量的分量（也有爱因斯坦提出的），可以使用我最初笔记中的拉格朗日微分方程（4）和（5）形式上转化到散度为 0 的表达式，也就是说不必要使用拉格朗日方程（4）和（5）。
>
> 以及提到：
>
> 事实上，我认为：在广义相对性的情形，即在哈密顿函数具有广义不变性的情形，你所认为的对应正交不变性理论的能量方程根本不存在，我甚至可以称此事实为广义相对论的一个特征。

希尔伯特这里所说的哈密顿函数我们现在称之为拉格朗日量，诺特在她 1918 年的论文中澄清了这一情况。

---

[5] 对于当时的研究人员，这些事情并不像我们今天这么容易，尤其是 Bianchi 恒等式和它的缩并版本当时并不被这些人所熟知，因此实际上他们不得不从拉格朗日量的微分同胚不变性去重新发现这些恒等式。

4.5 诺特的成果

许多人都听说过诺特定理，但她实际做的全部内容不那么广为人知，所以借此机会我们来引述她的关键成果。[6] 应当指出的是：诺特提出的拉格朗日量是相当广义的，它们可以包括任意有限多个导数。

> **定理 I.** 如果积分 I 在一个具有 ρ 个参数的有限维连续群 G_ρ 作用下不变，则在拉格朗日量表达式中存在 ρ 个线性无关的组合成为散度量，反之，若此条件成立，则说明 I 在群 G_ρ 下具有不变性。且此定理对具有无限个参数的极限情形仍是成立的。
>
> **定理 II.** 如果积分 I 在无限阶连续群 $G_{\infty\rho}$ 的作用下不变，其中群 $G_{\infty\rho}$ 依赖于任意函数和它们最高到 σ 阶的导数的选取，则在拉格朗日量表达式和它们最高到 σ 阶的导数中存在 ρ 个恒等式，反之也一定成立。

此外，诺特还有另一个重要的成果，虽然它可以从定理 II 中很容易推导出来，但在我们看来，它既是非常重要的又是激励诺特研究的关键问题，所以应该被称为定理 III。

> **定理 III.** 给定一个在平移群作用下的不变量 I，则能量关系是不适当的当且仅当 I 是一个在以此平移群为子群的无限阶群作用下的不变量。

关于最后一个成果，诺特用下面的评语来结束她的论文：

> 正如希尔伯特断言：对适当的能量定律的缺乏构成了“广义相对论”的一个特征。对于这一断言，如果真的是这样，那我们有必要在比通常更广泛的意义下理解“广义相对性”一词，并把它扩大到上面提到的依赖于 n 个任意函数的群。[27]

其中在她论文最后的脚注 27 也是很有趣的：

> 这再次证实了克莱因评论的准确性，他评论道：在物理中使用的术语“相对性”应该用“对于一个群的不变性”来代替。

诺特得出的关于不存在一个适当的能量定律的结果不仅适用于爱因斯坦的广义相对论，事实上，适用于所有引力的几何理论，其中在这些理论中都不存在适当的守恒的能量–动量密度。

在一本著名的教科书上有这样的相关陈述：

---

[6]关于更多的细节，强烈推荐参阅 Y Kosmann-Schwarzbach 的书：*The Noether Theorems*（Springer，2011）。

任何寻找“局部引力的能量–动量”未知公式的人，无疑是在寻找错误问题的正确答案。不幸的是，过去许多研究者在尚未意识到这是徒劳无功的事情前，把大量的时间和精力贡献到了尝试寻找“问题的答案”中。

（Misner，Thorne & Wheeler，*Gravitation*，p. 467）

5. 源和规范场的自动守恒

1916 年，爱因斯坦指出局部坐标不变性加上他的场方程就可得到物质的能量动量守恒，而无须使用物质场方程，这称为“源的自动守恒”（见 MTW 的第 17.1 节），其中推导过程使用了诺特第二定理，用局部规范对称型的参数推出流的守恒，外尔（Hermann Weyl，1885—1955）在他 1918 年和 1929 年的有关规范（规范一词来源于他的工作）场论的论文中使用了同样类型的参数来讨论电磁的流，而现代场理论一般使用诺特第一定理来说明流守恒。

规范场论的本质是局部对称性，因此所伴随的特性有：（i）一个微分恒等式；（ii）欠定的演化方程；（iii）受限制的源耦合类型；（iv）源的自动守恒。Yang-Mills 仅是其中的一个特殊类型，我们对引力所采用的规范方法并非强行将其放入 Yang-Mills 模式中，而只是阐明时空几何所具有的自然对称性。

6. 引力系统的能量

自爱因斯坦寻找他的引力理论——广义相对论开始，如何对引力系统（也就是所有的物理系统）的能量–动量给出一个有意义的描述成为一个突出的基础问题。这不仅密切地关系着几何学引力的本质，也关系着所有基本的相互作用的本质，即它们所固有的规范性。而该问题也是诺特写包含两个著名定理的那篇论文最初的研究动力，其中定理把全局对称性与守恒量、局部对称性与微分恒等式关联起来。她证明了引力的能量没有适当的局部描述，因此自然地研究人员仅找到了各种非张量（即依赖于参考坐标系的赝张量）的表达式，其中这些表达式有两个内在的歧义：（i）存在许多可能的表达式；（ii）它们是非协变的且依赖于参考坐标系的选取。

6.1 准局部能量–动量

用现代的观点看：能量–动量是准局部的（和一个封闭的 2 维面有关的）物理量，事实上，所有赝张量的公式都是准局部的（一个 3 维区域内的能量–动量的值实际上仅取决于在其封闭边界上的场的大小），但这种特征在很长的时间里并没有被注意到（或许直到 Freud 于 1939 年的论文），也没有被特别强调或重视。最合适的“准局部”的术语是彭罗斯（Roger Penrose, 1931— ）于 1982 年创造出来的，正是由于他的努力，人们才意识到能量–动量并不是局部的而是准局部的这一重要观点。

从那时起已经提议了许多准局部的表达式，虽然有了概念上的进步，但这些准局部的表达式实际上和赝张量的表达式类似具有不确定性，这些不确定性可以用哈密顿方法加以澄清。

从一阶的拉格朗日量公式出发，我们已经建立了一个时空协变的哈密顿方法，此方法结合了诺特的守恒流和微分恒等式。决定空间如何动态演变的哈密顿量包括一个边界项[7]，它的明确形式取决于：（i）边界条件；（ii）适当的参考系的选取。若选取一个合适的向量场，则边界项的值可以给出相对应的准局部量的表达式，包括能量–动量、角动量、质心动量，也可以给出准局部能量通量的表达式。

我们可以采用几何的规范场论观点来提供适当的动态变量。通常在闵可夫斯基空间的局部对称性群即庞加莱群（Poincaré group）的规范场论中，Riemann-Cartan 几何中的曲率和挠率是其最合适的框架。对于包含一般源和规范场的引力的庞加莱规范场论（广义相对论为其中的一个特例），我们确定了：（i）最佳的哈密顿边界表达式；（ii）一套可以找到“最佳匹配”参考系的步骤。通过这些方法，我们就能计算出准局部的值。

6.2 引力能量的一些著名里程碑

1. 1961 年，Arnowitt-Deser-Misner：总的引力能量–动量表达式。
2. 1979 年，R. Schoen 和丘成桐；1981 年，E. Witten：引力的正能量证明。
3. 1982 年，R. Penrose：准局部的想法。
4. 1993 年，Brown 和 York：哈密顿–雅可比准局部表达式。
5. 1995、2005、2015 年，我们的协变哈密顿边界项方法。
6. 2009 年，王慕道和丘成桐：非负准局部能量的证明。

7. 规范的观点

从历史上看，规范的想法（除了广义相对论的广义协变性）最早是由 Hermann Weyl 于 1918 年和 1929 年建立，然后是 Yang-Mills 于 1954 年和 Utiyama 于 1956、1959 年进行了进一步的研究。关于整个历史故事的细节可以在 L. O’Raifeartaigh 于 1997 年所著的《规范场论的曙光》一书中找到。引力作为庞加莱规范场论被建立的主要奠基者是 Kibble（1916）、Hehl

[7] 与各种赝张量相关的“超位势”（superpotential）是可能的哈密顿边界项的一个特殊子类。

（1980）、Hayashi 和 Shirafuji（1980），有兴趣的读者可进一步阅读由 M. Blagojević 和 F. W. Hehl 于 2013 年所著的《引力的规范场论》一书。我们可以把引力视为闵可夫斯基时空中局部对称群的规范场论，即为含有 10 个参数的庞加莱群，其中包括 4 个平移，3 个旋转，3 个洛伦兹推动。时空几何在一般情况下为 Riemann-Cartan 几何，它可以同时包含曲率和挠率。物理上的动力学是引力的庞加莱规范场论，其中包括广义相对论作为一个特例。

8. 哈密顿方法

在哈密顿表述中我们可以最佳地发现欠定的演化，哈密顿量是所有动力学包括局部规范对称性的生成源。因此，一个哈密顿表述可以揭示出所有的规范对称性。此外，它也可以很自然地和能量关联在一起。实际上，准局部能量就是决定时空演化的哈密顿量的值。

我们建立了一套协变的哈密顿表述，其中哈密顿边界项给出准局部能量、动量和角动量的协变表达式。哈密顿边界项起着关键的作用，从这个角度来看，长期存在的不确定性可以被清楚地处理和解决。简单地说：（i）该采用哪一个准局部表达式？这个不确定性由边界条件来决定。（ii）该选取哪个参考系？这可以由“最佳匹配”，即等距嵌入和能量优化来确定。

9. 结论

一个广义协变理论的演化是欠定的。100 年前，这样的动力学从来没有被考虑过，它的结果是令人费解的，当然也无法事先预见到它将来对所有规范原理下的基础相互作用的重要影响。在文章中我们讲述了一些不广为人知的历史，包括爱因斯坦与希尔伯特、克莱因关于引力的新特征和引力能量问题的相互讨论，及这些问题促进了诺特两个定理的形成。具有广义协变性的广义相对论是最早的规范场论，而引力能量是现代物理范式的主要催化剂，但这一点在很大程度上还未被认知。

在我们的引力能量的研究中，许多不同的想法拼接在一起，试图给出长期存在的谜题一个好的解决方法。除了铭记希尔伯特、克莱因、尤其是诺特的卓越贡献外，我们还使用了哈密顿方法并将其与动态时空几何观下的局部规范场论相结合。

（2016 年 6 月 18 日）

广义相对论和天文学

天文学与现代自然科学

张双南

张双南，中国科学院高能物理研究所研究员，中国科学院粒子天体物理重点实验室主任。2007 年获国家杰出青年基金资助和“赵九章优秀中青年科学奖”，2008 年入选教育部长江特聘教授，2011 年以“溯及既往”方式入选国家“千人计划”并被授予“国家特聘专家”称号。科技部 973 项目“黑洞以及其他致密天体物理”和国家重点研发计划“致密天体观测研究”、“慧眼”天文卫星、增强型 X 射线时变与偏振空间天文台以及中国空间站高能宇宙辐射和暗物质探测等项目首席科学家。

本文将主要包括以下内容：(1) 天文学的研究建立了现代科学研究方法；(2) 天文学的研究奠基了现代自然科学的两大理论体系；(3) 天文学的研究导致了人类宇宙观的七次飞跃；(4) 以天文学研究获得的物理学诺贝尔奖为例说明重大科学发现的偶然性和必然性；(5) 总结什么是科学并讨论科学和其他学术研究的关系；(6) 讨论中国古代“科学”和李约瑟难题；(7) 探讨中国如何再次领先世界。

1. 引言

自从 1609 年伽利略发明了天文望远镜以来，天文学的观测和理论研究使得人类在探索宇宙奥秘的漫长道路上取得了辉煌的成就，带来了人类宇宙观的数次飞跃，促进了基础物理学理论的建立，并确立了恒星的内部结构与演化和宇宙大爆炸标准模型两大理论框架。在此过程中，天文学的研究还获得了超过十个诺贝尔物理学奖[1]，其中最近的三次分别为 2002 年、2006 年和 2011 年，显示了天文学这一古老学科的强大的生命力。随着观测和探测能力的进步，在人类永无止境地探索宇宙的进程中，新的天文发现有井喷的趋势，比如暗物质、暗能量、黑洞、类星体、脉冲星、星际有机分子、宇宙伽马射

[1] 诺贝尔本人没有设立诺贝尔天文学奖，因此天文学的研究成果只能根据其对其他学科的重要性获得其他学科的诺贝尔奖。

线暴、引力波、引力透镜、太阳系外行星等的发现，有力地刺激并推动了天文学自身及相关学科的发展。目前天文学的重大问题可以被概括为“一黑、两暗、三起源”，也就是黑洞、暗物质和暗能量、宇宙和天体以及地外生命的起源，其中“一黑和两暗”构成了宇宙的“骨架”，而“三起源”构成了宇宙的“血肉”。同时黑洞、暗物质和暗能量也是基础物理学的重大研究问题，而“地外生命”的探索则涉及包括化学、生命科学和哲学在内的多个学科。因此天文学再度成为新现象、新思想和新概念的源泉。

中国古代天文学曾经世界领先，但是中国天文学对于天文学的发展贡献甚微。同样，中国古代的技术和生产力曾经世界领先，比如直到鸦片战争时候的清朝中国的 GDP 还是世界第一，但是中国对现代科学与技术的贡献也是非常少的[2)]。一个最令人不可接受的事实就是从中学到研究生几乎所有的理工科教科书里面的知识都来自于西方的科学和技术的研究成果。因此从鸦片战争至今中国一直是科学和技术的知识消费国，而不是贡献国。科学和技术是现代人类文明的重要组成部分，中国作为现存世界上最大的文明古国，但是在这个方面对人类文明的贡献可以说微不足道，值得深刻反省。造成中国在现代科学和技术上全面落后于西方的原因是多方面的，但是我本人认为中国文化中缺乏基本的科学精神是一个重要原因。同时，现代中国又出现了“泛科学化”的倾向，把一切好的、合理的事情和事物都说成是科学的，偏离了科学的本质和本意。

其实经过几百年的发展，“科学”是有明确和特定的含义的，“科学方法”也有明确的规范和程序。科学很重要，但是科学不是万能，科学不能解决中国的所有问题，甚至并不是在所有的时期发展科学都需要优先。本文试图通过天文学的发展历史，探讨天文学对现代自然科学的贡献，包括建立了科学研究的方法、奠定了基础物理学的基础、促进了人类宇宙观的七次飞跃等。在此基础上，将结合天文学的重大发现简要讨论科学发现的偶然性和必然性，总结什么是科学，以及科学和其他学术研究的关系。最后将讨论中国古代的“科学”和相关的文化，并探讨中国如何能够再次领先世界。由于本文的主题不是研究历史，对于包括天文史在内的科学史所采用的资料都来自于大众媒体，因此都不标注参考文献。

[2)]苏定强院士在 2006 年中国天文学会年会的大会报告中指出，近百年来天文学研究扩展到了射电天文学和空间天文学，取得了三十多项重大科学成就，几乎每一项都开辟了一条新路、一个新的领域，遗憾的是这些成就都不是中国人做出的，实际上应该承认科学和技术方面绝大多数的路是外国人开创的，在最前面领路的也是外国人，大部分中国科技人员的创新是在外国人开创的路上将它修得更平或铺一段沥青、建一段护栏，我们要看到这种质的差距。

2. 天文学的研究建立了现代科学研究方法[3)]

2.1　从地心说到日心说和开普勒三大定律的发现

由于地球的自转，人在地球上看起来日月和其他所有的天体似乎都是绕地球转动的，因此古希腊人的宇宙观很自然就是如图 1 所示的地心说，该学说的代表人物是毕达哥拉斯（Pythagoras，公元前 572—前 497）和亚里士多德（Aristotle，公元前 384—前 322）。事实上，直到今天仍然有很多人认为所有的天体都是绕地球转动的，因为这是由朴素的经验得到的很自然的结果。我多年前在美国看到一个抽样调查的结果，大约一半被调查的美国人仍然相信地心说。有人在回答调查的问卷时甚至写上，尽管学校老师教的是地球围绕太阳运动，但是认为地心说更加符合他们的经验。这告诉我们，尽管经验对于我们认识世界很重要，但是经验的直接外推并不一定能够反映世界的本质，从经验得到的结论必须经受进一步的检验（也就是观测或者实验的检验）。

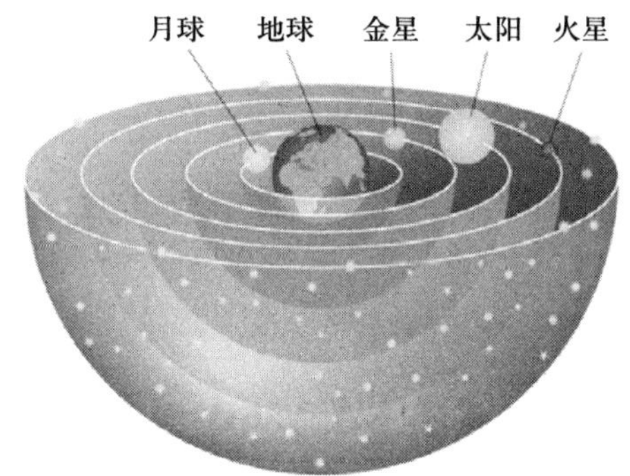

图 1　古希腊人的宇宙观：地心说。这是根据人的朴素的经验得到的自然结论，事实上，直到今天很多人仍然相信天体都是绕着地球转动的

天文学家通过仔细的天文观测逐步发现，行星在天空中的运动轨迹会发生逆行，比如图 2 所示的是火星在天空中半年的运动轨迹，在 1 月到 4 月之间发生了逆行。这个观测发现挑战了当时流行的地心说的宇宙观。因此需要建立新的理论模型解释这个新的天文观测现象。托勒密（Ptolemy，公元 90—168）提出的模型是“地心说 + 本轮”，如图 3 所示，也就是对地心说进行修正，认为行星的逆行是真实运动，每一个行星在绕地球运动的同时，也绕着自己的一个“本轮”进行转动。只要赋予每一个行星一组参数，就可以精确描述当时获得的每一个行星的观测结果。但是伟大的天文学家哥白尼（Copernicus，公元 1473—1543）认为需要彻底推翻旧的地心说模型而建立

[3)] 本节和第三节的部分素材参考了南京大学李向东教授 2011 年在中国天文学会年会的大会报告的 PPT 文件。

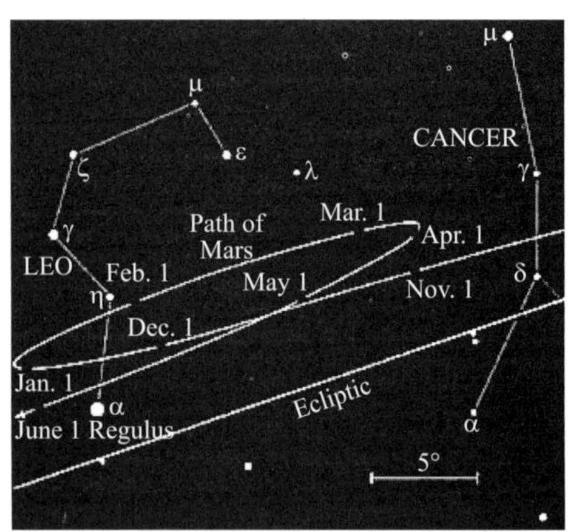

图 2 天文学家观测发现，火星在天空中的运行轨迹在 1 月到 4 月之间发生逆行，这挑战了天体都绕地球运动的地心说

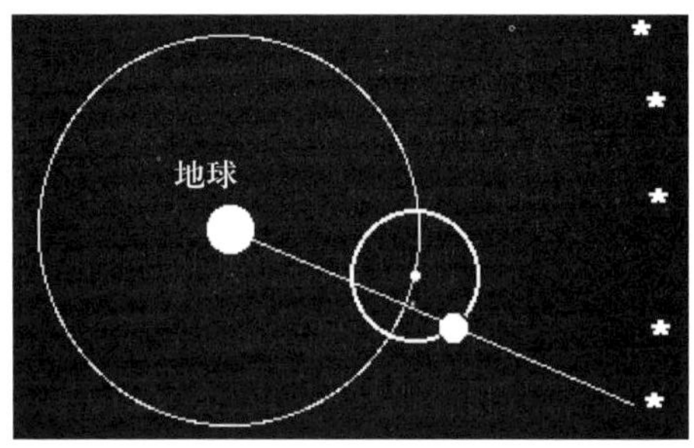

图 3 托勒密的“地心说 + 本轮”模型，认为行星的逆行是真实运动，每一个行星在绕地球运动的同时，也绕着自己的一个“本轮”进行转动

一个全新的日心说模型，如图 4 所示。哥白尼认为，行星的逆行是行星和地球都绕太阳运动的相对运动所产生的视运动，这个模型也可以精确描述当时的观测结果。从解释已有的当时的观测结果这个角度，无法判别这两个模型哪个正确，因此需要新的观测数据来检验这两个模型。

第谷（Tycho Brahe，1546—1601）的大量天文观测发现地心说和日心说都不能完全解释观测结果。第谷发现日心说不能解释为什么恒星没有视差[4)]。尽管人为地修改地心说的“本轮”能够和数据相符，但是地心说的“本轮”太复杂。第谷于是提出了一种介于地心说和日心说之间的宇宙体系，简称第谷体系，如图 5 所示，认为地球静居宇宙的中心，行星绕日运动，而太阳则率行星绕地球运行。

和第谷同时代的开普勒（Kepler，1571—1630）相信日心说，但是开普勒当时并不掌握最好的观测资料，因此在第谷去世之前无法验证和发展日心

4) 实际上第谷非常英明地预测了视差现象。我们今天知道当时没有观测到恒星的视差的原因是恒星太远，视差小于当时的观测精度。

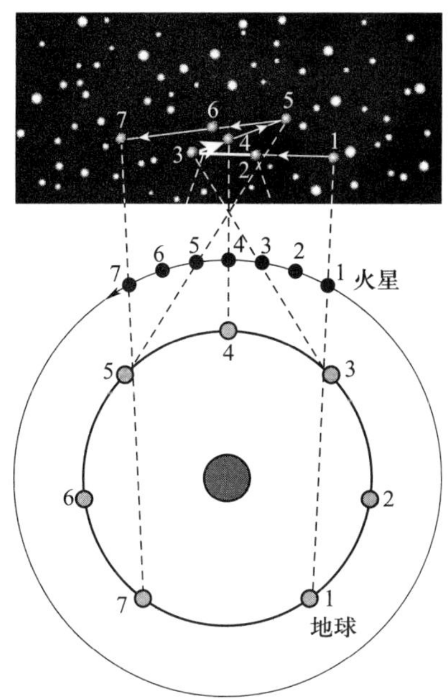

图 4 哥白尼的日心说模型，认为行星的逆行是行星和地球都绕太阳运动做圆轨道的相对运动所产生的视运动

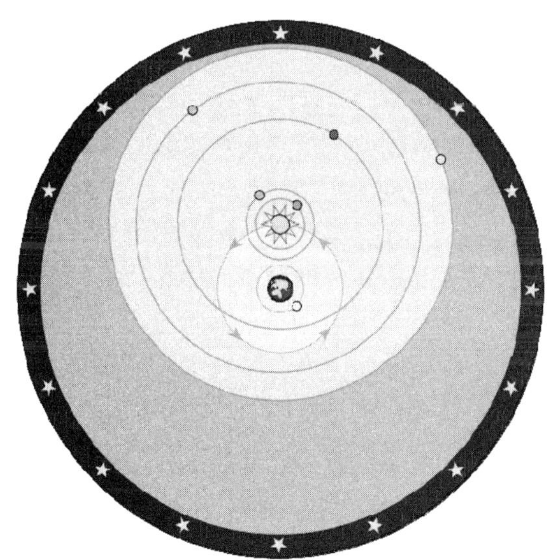

图 5 第谷体系：第谷于 16 世纪提出的一种介于地心说和日心说之间的宇宙体系，认为地球静居宇宙的中心，行星绕日运动，而太阳则率行星绕地球运行

说。第谷尽管和开普勒的学术观点不同，但是去世前还是把观测资料都交给了他。开普勒仔细分析了第谷的观测资料，发现只需要把日心说的圆轨道修改成椭圆轨道，而太阳处于所有行星的椭圆轨道的一个焦点（开普勒第一定律，如图 6 所示），这样就能够解释行星运动的全部观测资料，并根据观测

资料建立了行星运动的另外两个定律，第一次用简洁的数学公式描述了行星的运动。开普勒三大定律的发现确立了日心说的基本思想的正确性，并且对日心说进行了重要的修改，能够精确描述当时对行星的所有观测结果，是人类认识宇宙的重大突破，使得人类明确地认识到人和人类居住的地球不是宇宙的中心。

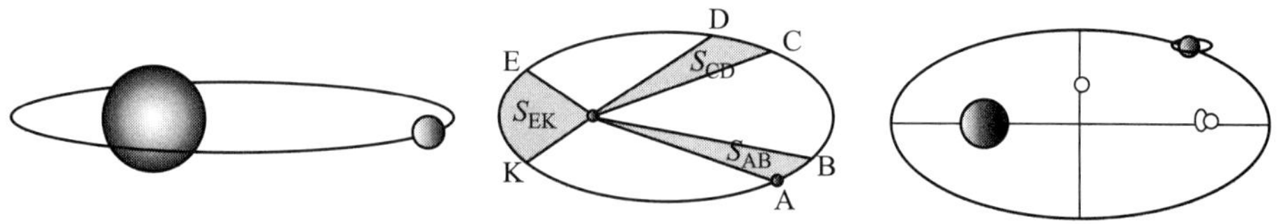

图 6 左：开普勒第一定律，每一个行星都绕以太阳为焦点的椭圆轨道（而不是哥白尼提出的圆轨道）运行。中：开普勒第二定律，行星在从 A 点到 B 点、从 C 点到 D 点，以及从 E 点到 K 点的时间间隔相等，观测发现该椭圆在这些区域的面积相等，$S_{AB}=S_{CD}=S_{EK}$，也就是"单位时间行星扫过的轨道面积恒定"。右：开普勒第三定律，行星的椭圆轨道的半长轴 a 和周期 τ 之间满足以下关系：$\frac{a^3}{\tau^2}=K$，K 被称为开普勒常数

2.2 从开普勒定律到牛顿万有引力定律和爱因斯坦的广义相对论

尽管开普勒定律能够很好地描述当时的天文观测，但是开普勒定律仍然不是科学规律，因为开普勒并没有说明为什么会有开普勒定律，也不能通过更加基本的规律推导出开普勒定律，因此开普勒定律只能是基于当时的经验（数据）所整理归纳出的经验规律。

牛顿（Isaac Newton，1643—1727）在他的力学三大定律的基础上可以用万有引力定律解释和推导出开普勒定律。开普勒第一定律表明行星和太阳之间必须有引力作用（也就是万有引力的体现），开普勒第二定律就是牛顿第三定律（相当于动量守恒）的表现，而开普勒第三定律则可以使用牛顿第二定律加上万有引力定律定量地推导出来。因此牛顿的万有引力定律上升到了科学规律的层次，能够清楚地解释已有的经验规律。既然是科学规律，就必须能够做出预言，并经受新的经验（观测或者实验）的检验和验证。

伽利略（Galileo Galilei，1564—1642）于 1609 年发明了天文望远镜，从此天文学家对于宇宙的观测进入了一个全新的时代，对行星运动观测的精度也大大提高，发现有些行星的运动轨道并不是严格地遵循牛顿的万有引力定律的预言，这些偏离被称为轨道的"摄动"。如果相信牛顿的万有引力定律的正确性，观测到的摄动就只能解释为尚未发现的行星的引力造成的。根据牛顿定律计算天王星轨道的摄动，于 1843—1846 年预言了海王星的位置，海王星于 1846 年 9 月 23 日被发现（此时牛顿已经逝世一个多世纪了）。这是牛顿定律的伟大胜利，从此彻底确立了牛顿定律的正确性。因此牛顿的万

有引力定律就成了广为接受的科学规律，也是现代自然科学的第一个理论体系。

当然，伽利略对科学的贡献远远不只是发明了天文望远镜，他也发明了显微镜。实际上牛顿第一定律（也就是惯性定律）就源于伽利略的相对性原理，也就是在封闭的匀速直线运动的车里无法知道自己在运动。牛顿第二定律的基本思想来源于伽利略的假想斜坡滚动实验[5)]。而万有引力定律的灵感很可能不是来自于牛顿被树上落下的苹果砸中，而是伽利略的比萨斜塔实验，或者在其他某个塔的实验，或者伽利略的斜坡实验[6)]。所以伽利略才是真正意义上的科学研究的鼻祖。但是牛顿并不是一个拿来主义者，更不是今天我们经常见到的学术剽窃者。恰恰相反，牛顿是一个集大成者，把当时的经验知识进行了系统的归纳和大幅度的提升，从而发现了新的科学规律并形成了一套理论体系。

尽管牛顿的万有引力定律取得了巨大的成功，可以说建立了现代自然科学，但是牛顿的理论不能完全解释更加精确的天文观测所发现的水星在近日点时出现的进动，因此牛顿的理论至少需要进行修正。事实上，牛顿的理论并不能回答引力的本质这一深刻的问题，也不能解释为什么引力的作用是瞬时发生的。

爱因斯坦（Einstein，1879—1955）的广义相对论认为引力的本质是质量引起时空弯曲，任何物体（包括没有质量的光子）在弯曲的时空中的运动就等同于受引力作用的运动，而引力作用不是瞬时的，而是以光速进行的，牛顿定律仅仅是极低速和极弱引力场的近似。广义相对论的精确计算不仅能够完全解释水星在近日点时出现的进动，而且预言了遥远恒星的光线经过太阳附近时的引力偏折。爱丁顿于 1919 年在日全食的时候观测的结果和广义相对论的预言一致，比牛顿理论的预言大了一倍。之后大量的天文观测和实验室的实验都验证了广义相对论的正确性。因此广义相对论是比牛顿定律更加基础，当然也更加精确的科学规律。

2.3 现代自然科学研究方法的建立

我们首先以上述的太阳系行星运动的研究为例总结天文学研究方法的几个阶段：

- 经验模型：古希腊人的宇宙观，也就是地心说，是当时的经验的总结。

---

5)伽利略是这么极为有说服力地论证的：假设一个球在一个斜坡上往下滚，那么斜坡的坡度越小，球滚动的加速度就越小，当斜坡完全变平，如果斜坡没有任何阻力，那么球就会一直匀速滚下去。

6)对于伽利略是否真的在比萨斜塔做过那个有名的实验，学术界尚有争议。但是伽利略的确做过斜坡实验，表明不同成分的物质从斜坡下滚的加速度是相同的，其意义和比萨斜塔实验是相同的，而这实际上就是牛顿的万有引力定律所隐含的而爱因斯坦建立广义相对论所需要的等效原理。

■ 新的现象：行星的逆行表明经验模型有问题。

- 唯象模型：托勒密的本轮说和哥白尼的日心说。行星运动的精确观测逐渐发现唯象模型的问题。

  ■ 新的现象：和第谷的观测数据不能完全符合。

- 经验规律：开普勒三定律，这是哥白尼唯象模型的改进，把哥白尼的唯象模型提升为数学规律，但是仍然没有机理或者机制，不能回答为什么是这样。

- 科学规律：牛顿的万有引力定律，提升为科学规律，能够回答为什么是这样，但是不能解释引力的本质。

  ■ 科学预言：发现新的行星，验证了规律的正确性。

  ■ 新的现象：不能解释水星的反常进动。

- 科学规律：广义相对论，是在牛顿定律的基础上改进的科学规律，能够解释引力的本质就是“质量”导致的时空弯曲，和几乎所有的观测以及实验都没有根本矛盾。

  ■ 科学预言：预言的光线的引力偏折得到了观测验证，证明了规律的正确性。

上述天文学的研究方法实际上建立了现代自然科学研究的一般方法。首先是积累资料，包括经验知识、观测资料或者实验数据，等等。对积累的资料进行归纳和总结，能够得到经验规律。对经验规律的演绎就是建立模型的过程，但是建立的模型解释已有的数据并不能证明模型的正确性，模型必须能够做出预言，接受新的观测或者实验的检验，该模型或者被推翻，或者得到验证，或者被修改形成新的模型。最终的目的是希望发现科学规律，而每一次得到的科学规律一般都不是终极和普适的规律，往往需要通过上述过程反复循环，不断得到修改和推广。“数据 + 归纳 + 演绎 + 预言 + 数据 ……”这个链条就构成了现代自然科学研究方法的核心。

3. 天文学的研究奠基了现代自然科学的两大理论体系

开普勒三定律是通过对大量的天文观测结果的归纳并对当时的哥白尼的日心说进行了修正而产生的，可以说完全是一个天文学的研究成果。而开普勒三定律则对于牛顿力学理论体系的建立起了决定性的作用，而牛顿力学是当时的自然科学的第一个完整的理论体系。

爱因斯坦通过著名的电梯假想实验（如图 7 所示），明确提出了万有引力定律中的引力质量和牛顿第二定律中的惯性质量的等效性，也就是著名的等效原理[7]，而这是广义相对论的基石。牛顿的引力理论建立在平直的欧几里得空间，而爱因斯坦在利用等效原理找到了局部惯性系之后，使用相对论原理并且加上当时已经成功发展的描述弯曲时空的非欧几何（黎曼几何），建立了广义相对论理论。使用广义相对论能够精确地解释水星近日点的进动的观测结果，所以广义相对论的第一次验证就是通过天文观测进行的。广义相对论的一个重要预言就是引力场中的光线偏折，而这个预言第一次得到验证就是通过日全食的观测，这个观测确立了广义相对论的正确性。

图 7　爱因斯坦的电梯假想实验示意图。左图：乘客在自由下落的电梯里面扔一个球出来，发现球和乘客一起运动，也就是在乘客的坐标系中既没有引力也没有加速度，和在没有引力的自由空间漂浮的电梯里面的情况一样。右图：乘客在静止的电梯里面扔一个球，球会以重力加速度下落，和在自由空间以同样加速度上升的电梯中的情况一样。这两种情况都说明了引力和加速度的等效性，也就是引力质量和惯性质量的等效性

1666 年，牛顿把通过玻璃棱镜的太阳光分解成了从红光到紫光的各种颜色的光谱，而这就是物理光学的基础。在 1814~1815 年之间，天文学家夫琅和费在太阳光谱中发现了很多谱线。1885 年，天文学家巴耳末发现了符合已知氢原子谱线位置的经验公式。随后对原子光谱的进一步观测发现了更多的谱线序列和经验公式。1913 年，为了解释氢原子谱线位置的经验公式，玻尔建立了原子光谱的量子模型（如图 8 所示），解释了原子谱线的经验公式，奠定了原子物理的基础，量子力学也从此诞生。玻尔作为量子力学的奠基人于 1922 年获得了诺贝尔物理学奖。

因此天文学的观测研究对于建立牛顿力学、验证广义相对论和奠基量子力学的实验基础都功不可没，也可以说天文学的研究奠基了经典力学（牛顿力学和广义相对论）和量子力学这两个现代自然科学的最重要的理论体系。

---

[7] 实际上，牛顿引力理论体系中隐含了等效原理的假设。等效原理之所以对于广义相对论极为重要，是因为只有在惯性坐标系里面狭义相对论才能成立，而在引力场中建立惯性坐标系就需要等效原理。我们前面提到过伽利略的斜坡实验实际上是第一个检验等效原理的实验，当然当时的精度还是比较差的。而爱因斯坦则通过电梯假想实验提出等效原理精确成立。目前最精确的实验结果仍然没有和等效原理矛盾。

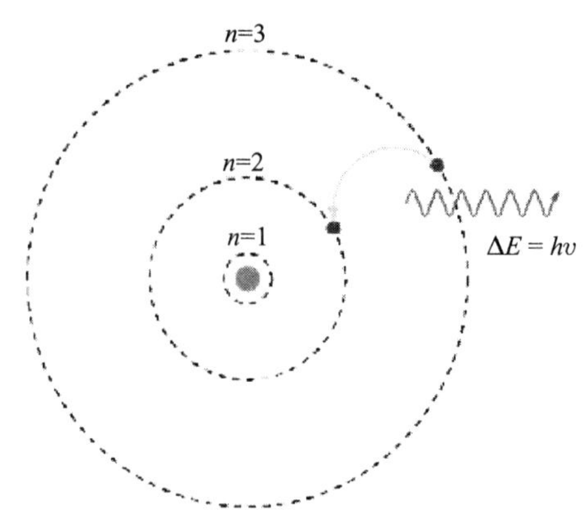

图 8　玻尔的氢原子能级和跃迁模型。电子只能处于某些轨道处，因此原子的能量是分立（量子化）的，当电子在两个能级之间跃迁时，就发出能量为两个能级差的光量子，因此能够解释观测到的很窄的谱线

4. 天文学的研究促进了人类宇宙观的七次飞跃

天文学的研究对于人类的宇宙观（或者世界观）具有不可替代的重要作用，促进了人类宇宙观的七次飞跃，如表 1 所示。

表 1　人类认识宇宙的七次大飞跃

飞跃次数	年代	新的宇宙观	代表人物
第一次	16 世纪	日心说：地球不是宇宙的中心	哥白尼
第二次	20 世纪初	太阳也不是宇宙的中心	卡普坦、沙普利
第三次	20 世纪 20 年代	银河系不是整个宇宙	柯蒂斯、哈勃
第四次	1929 年	宇宙是膨胀的	哈勃
第五次	1965 年	大爆炸宇宙起源	彭基亚斯和威尔逊、伽莫夫
第六次	1998 年	宇宙加速膨胀	普尔穆特、施密特和赖斯
第七次	20 世纪末到 21 世纪初	很可能有其他的世界和文明	大批天文学家

4.1　第一次飞跃：日心说取代了地心说

前文所重点介绍的日心说代替地心说是人类认识宇宙的第一次飞跃（图 9 是太阳系的现代示意图），日心说的行星绕太阳运动的基本思想的正确性完全得到了验证。这一次飞跃的重要性在于，地心说隐含支持基督教（包括天主教）等宗教的基本教义，也就是神创造的人类和地球在宇宙中具有重要的中心位置。日心说代替地心说从科学上挑战了这些宗教。

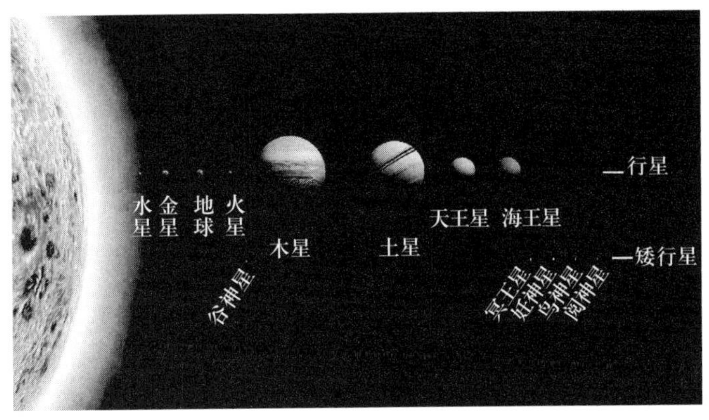

图 9 太阳系的现代示意图，完全确立了日心说的基本思想的正确性

4.2 第二次飞跃：太阳系也不是宇宙的中心

人类认识宇宙的第二次飞跃是通过天文观测认识到，不但地球不是宇宙的中心，太阳也不是宇宙的中心。那时人类认识的宇宙就是银河系，卡普坦（Jacobus Cornelius Kapteyn，1851—1922）通过测量超过 45 万颗恒星的距离，得到的银河系的结构如图 10（左）所示，这就是卡普坦的“岛宇宙”，也就是银河系有明确的边界，而太阳系在稍微偏离银河系中心的位置。而沙普利（Harlow Shapley，1885—1972），通过测量 69 个球状星团的距离，得到的银河系的结构如图 10（右）所示，太阳系处于银河系比较边缘的地方。尽管这两个结果的细节有所不同，而且和现代的结果也有出入，但是一个共同的重要结果就是太阳系不是银河系的中心，当然也就不是宇宙的中心。

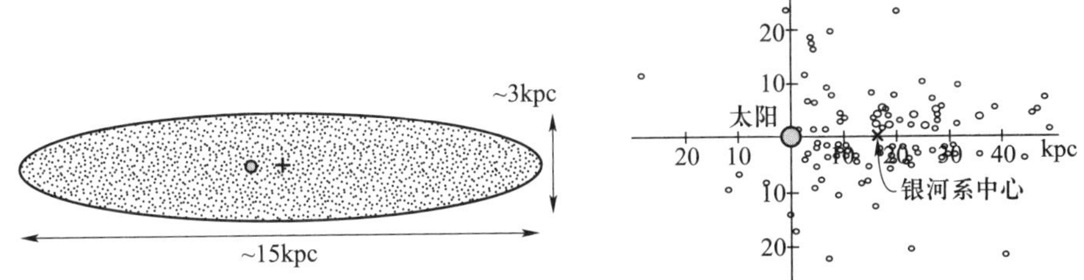

图 10 左：卡普坦通过测量超过 45 万颗恒星的距离得到的银河系的结构。右：沙普利通过测量 69 个球状星团的距离，也得到的银河系的结构。这两个结果都表明太阳系不是银河系的中心

4.3 第三次飞跃：银河系不是整个宇宙

在 20 世纪初，关于观测到的众多星云的性质，有两种截然不同的观点。以沙普利为代表的多数派认为星云就是银河系内的天体，银河系就是整个宇

宙。而以柯蒂斯（Heber Doust Curtis，1872—1942）为代表的少数派，则认为星云实际上是和银河系一样的“岛宇宙”，处于银河系以外很远的地方，整个宇宙由无数个这样的“岛宇宙”组成。为此 1920 年 4 月 26 日于华盛顿美国国家科学院史密森尼学会的自然史博物馆举行了一次沙普利–柯蒂斯世纪大辩论。但是这个辩论并没有解决这个问题，因为辩论本身并不能解决科学问题，科学问题的解决只能通过科学研究来实现。很快哈勃（Edwin Powell Hubble，1889—1953）就通过进一步的观测发现这些星云实际上是众多遥远的但是形态各异的星系（如图 11 所示），很多都和银河系类似，支持了柯蒂斯的基本观点，人类认识的宇宙的尺度突然变得巨大无边，这是人类认识宇宙的第三次飞跃。

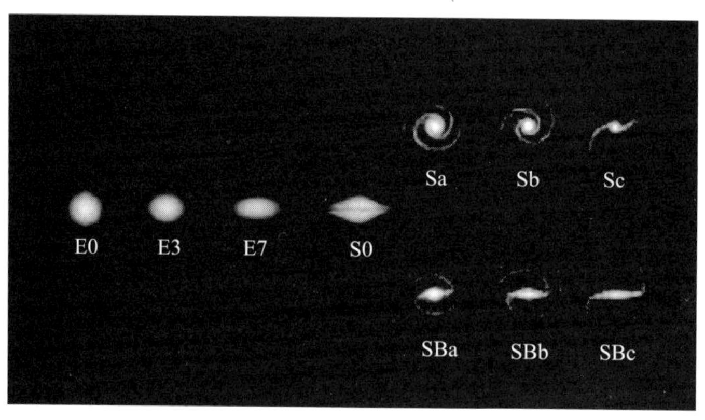

图 11 哈勃观测发现原来认为的很多银河系内星云实际上是形态各异的星系，并把这些星系分类，认为它们之间具有演化的联系

4.4 第四次飞跃：宇宙是膨胀的，不是永恒的

由于哈勃观测到的很多星系都非常暗，因此距离银河系应该很远。把哈勃观测结果直接外推，就会得到宇宙是无限的、永恒的，物质分布是均匀的。但是奥伯斯（Heinrich Wilhelm Matthias Olbers，1758—1840）佯谬[8] 告诉我们，这样的宇宙中，即使没有太阳光，但是由于永恒宇宙中的每一个天体的光都会照到地球，黑夜也应该像白昼一样明亮[9]，如图 12 所示。但是这个推论显然和我们的常识不符，所以一定是什么地方有重大问题！这个问题在 1929 年哈勃发现了哈勃定律之后得到了圆满的解决，因为远处的星系在退行，退行速度和距离成正比（如图 13 所示），因此宇宙在膨胀，反推回去就得到宇宙的年龄是有限的，更远的光来不及到达地球，所以存在视界（称为宇宙的视界），巨大的相对地球的退行速度使得该距离以外的天体发出的光

[8] 奥伯斯佯谬实际上是现代宇宙学的发端，第一次定量地考虑了整个宇宙的行为。

[9] 实际上在永恒和物质均匀分布的无限大宇宙中，任何一处接收到的光的流强都是无穷大。

不可能到达地球，这就自然地解决了奥伯斯佯谬。因此我们可见的宇宙必须是有边界的，这是人类认识宇宙的第四次飞跃。

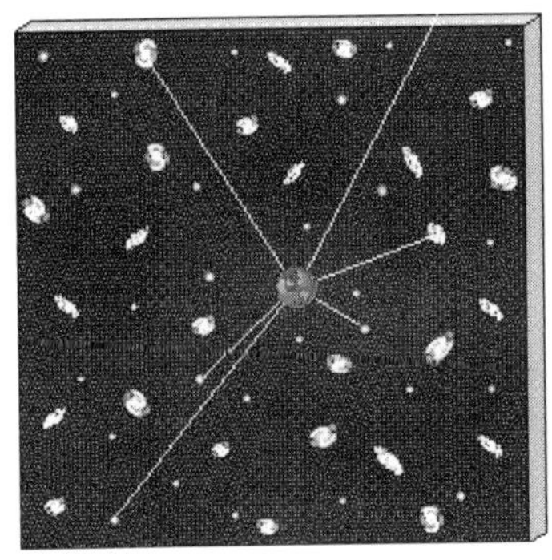

图 12 奥伯斯佯谬。在一个均匀和永恒的宇宙中，地球将会收到宇宙中所有（无穷多）天体的光（左），因此黑夜应该像白昼一样明亮（右）

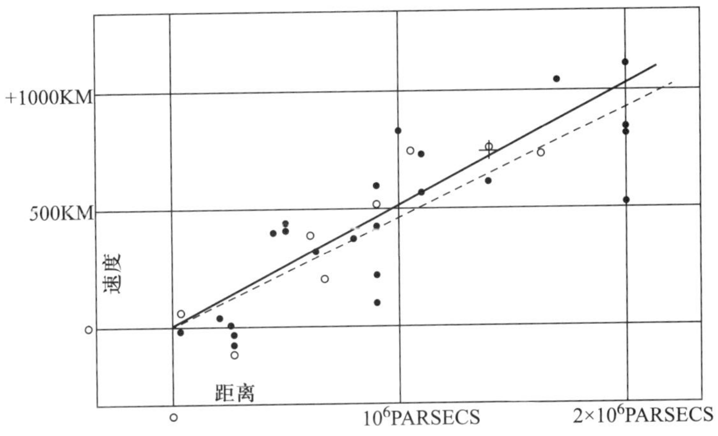

图 13 哈勃膨胀：哈勃得到星系的退行速度（纵轴）和距离（横轴）成正比

4.5 第五次飞跃：宇宙大爆炸

1965 年彭基亚斯（Arno Allan Penzias，1933—）和威尔逊（Robert Woodrow Wilson，1936—）发现了宇宙大爆炸残留的宇宙微波背景辐射（如图 14 所示），和伽莫夫（George Gamow，1904—1968）的模型曾经预言的宇宙大爆炸留下的热辐射一致[10]，证实了哈勃膨胀是宇宙大爆炸的结果，于

[10] 不少人认为如果不是伽莫夫过早去世，他也应该与彭基亚斯和威尔逊一起分享 1978 年的诺贝尔物理学奖。事实上，伽莫夫在那篇著名的“$\alpha-\beta-\gamma$”论文里面并没有预言大爆炸残留的微波背景辐射，是这篇论文的作者中的 Ralph Alpher（伽莫夫的学生，也就是上述文章的“α”）和他的合作者 Robert Herman 一起在随后的文章中明确预言并计算了微波背景辐射，但是伽莫夫本人后来的计算结果更加接近观测到的微波背景辐射的温度，所以学术界很多人都把预言微波背景辐射的功劳给了伽莫夫。尽管如此，把伽莫夫称为理论研究微波背景辐射的代表人物也是合适的。

1978 年获得了诺贝尔物理学奖。因此我们观测到的宇宙不仅是有边界的，而且是有起点的，这是人类认识宇宙的第五次飞跃。

图 14 左：彭基亚斯和威尔逊在他们发现宇宙微波背景辐射的射电天线前的合影。右：彭基亚斯和威尔逊观测到的在天空均匀分布的宇宙微波背景辐射的天图

4.6 第六次飞跃：宇宙在加速膨胀

1998 年，三位年轻的天文学家普尔穆特（Saul Perlmutter，1959）、施密特（Brian P. Schmidt，1967）和赖斯（Adam G. Riess，1969）通过观测一类特殊（Ia 型）的超新星的光度随宇宙红移的变化，发现了目前的宇宙在加速膨胀，确定了宇宙由未知的暗能量主导，于 2011 年获得了诺贝尔物理学奖。把他们的结果和其他的天文观测结果结合起来，可以得到如图 15 所示

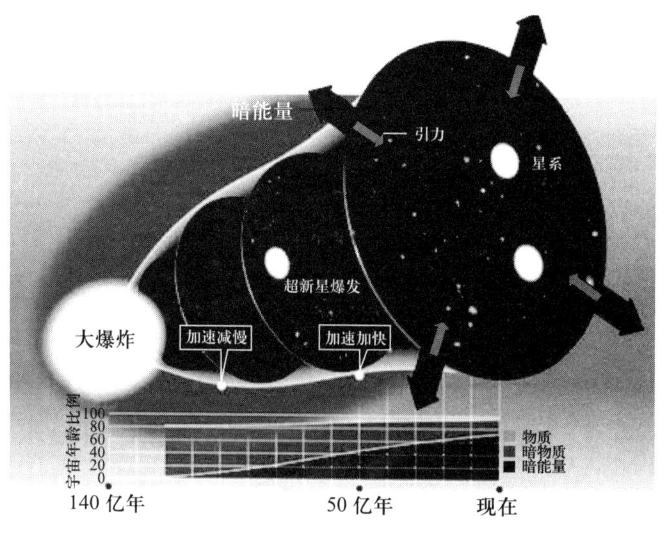

图 15 宇宙自大约 140 亿年之前的大爆炸直到今天的演化示意图。在大爆炸之后初期，由于宇宙中暗物质主导（下图），物质之间的引力导致宇宙减速膨胀（上图）。随着暗能量占的比例越来越大，暗能量的排斥力使得宇宙的膨胀变成加速膨胀。粒子物理的标准模型能够解释的普通物质今天只占宇宙的物质和能量约 4% 左右

的宇宙从大爆炸开始（约 140 亿年之前）到今天的演化过程以及在不同时期宇宙中的普通物质、暗物质和暗能量的比例的演化。我们今天的宇宙中的普通物质、暗物质和暗能量分别占宇宙总的物质–能量的比例为 4%、23% 和 73%，但是物理学中最成功的粒子物理标准模型只能解释其中仅仅占宇宙组成 4% 的普通物质，也就是说我们目前对今天宇宙成分的 96% 几乎毫无所知。这既是物理学和天文学共同面临的巨大挑战，当然也是人类认识宇宙的第六次飞跃。

4.7 第七次飞跃：很可能有其他的世界和文明

尽管有大量的证据支持生命能够从低级到高级进化，但是地球的生命的“种子”的来源目前仍然未知：可能产生在地球，也可能来自于太阳系其他行星，也完全可能来源于太阳系外的其他行星。1992 年在一颗脉冲星（中子星）周围发现了第一颗太阳系外的行星，1995 年在一颗恒星周围发现了第一颗绕着另外一颗恒星运动的行星，至今已经在太阳系外其他恒星周围共发现了超过 700 颗行星。如图 16 所示，有些行星是“宜居”行星，很有可能存在生命，甚至高级生命或者文明，这是人类认识宇宙的第七次飞跃。

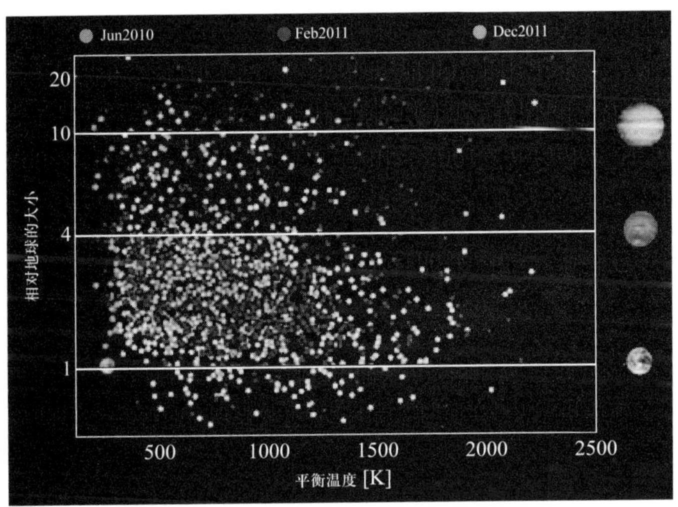

图 16 截至 2011 年 12 月所发现的太阳系外的行星，纵轴是相对地球的大小，横轴是表面温度，185 K 到 303 K 是“宜居”区，在这个温度范围之外，尽管生命可能存在，但是高级生命能够存在的可能性就微乎其微了。三种不同灰度的点分别代表截至 2010 年 6 月、2011 年 2 月和 2011 年 12 月累积发现的行星

对太阳系外行星的搜寻以及生命的探测已经成为天文学的重要研究前沿。我们有可能找到高级生命能够存在的其他“地球”，使得外太空移民成为可能；有可能找到我们的生命的“种子”，使得地球上的生命最终可以“认祖归宗”；有可能回答人类在宇宙中是否孤独这个问题；甚至可能真的和“外星

人”交流！如图 17 所示，搜寻外星人的通信讯号的努力已经开始。因此，所有这些已经不是科学幻想，也不是哲学的探讨，而是实实在在的科学研究。我大胆地预测，也许人类认识宇宙的第八、九、十次飞跃都来自于这里？

图 17 试图寻找外太空文明（SETI）的通信讯号的射电望远镜阵列（Alan Telescope Array）

5. 重大科学发现的偶然性和必然性

天文学的研究成果直接导致了人类认识宇宙的七次大飞跃，这是非常伟大的成就，也是天文学这门古老的学科一再成为科学前沿的一个重要原因。回顾这些科学成就，我们有必要问一个问题：这些成果是计划的、规划的，还是从事这些研究的科学家个体在开展这些研究之前就预期了这些成果？问这个问题的一个主要原因是：在论证一些重大科学项目的时候，我们被要求必须回答项目的预期科学成果，越大规模的项目，我们越需要明确说明预期的成果的重要性。这当然很有道理，因为重大项目需要投入的资金和人力很大，如果不能说清楚预期的成果，自然就难以得到资助来实施，任何政府或者其他资助方都会有这样的要求。

5.1 重大天文发现的偶然性

但是科学史明确地告诉我们，前述导致了人类认识宇宙的七次大飞跃的重要科学成果的获得都是偶然的，在这些工作开展之前无论是资助方还是科学家们都没有预期到会获得这样的科学成果，更没有意识到这些成果会有如此重大的意义。下面我以天文学研究获得的诺贝尔物理学奖为例来说明重大天文发现的偶然性，因为尽管这些成果并不是每一个都直接导致了人类认识宇宙的大飞跃，而且也不一定是最重要的天文学成果，但是这些成果却对 20 世纪最重要的学科物理学的发展带来了重要的影响，也因此获得了诺贝尔物理学奖，如表 2 所示。可以看出，除了 2006 年授予发现宇宙微波背景辐射的各向异性的诺贝尔物理学奖之外，其他的天文学研究获得的诺贝尔物理学奖的最初研究目的和最后获奖的天文发现明显不一样，不但“不是”预期结果，而且大部分的成果不是和预期结果“没有关系”就是“完全相反”。从研究类型看，获奖的理论研究成果数量远远少于观测研究，表明天文学研究的重大而且是开创性的突破主要来自于观测研究，而这些突破大部分都不是项目的预期科学成果，也就是大部分重大天文观测成果的获得看起来都是偶然的。

表 2　天文学研究获得的诺贝尔物理学奖

获奖年	获奖人	获奖天文发现	最初研究目的	研究类型	成果产生的国家	是否预期结果	评论
1936	Victor Franz Hess	宇宙线	用热气球研究地球放射性随高度的下降	观测	奥地利	完全相反	第一次使用气球离开地面观测放射性
1967	Hans Albrecht Bethe	发现恒星的能量产生机制	核反应理论	理论	美国	不是	核天体物理交叉学科
1974	Antony Hewish	发现脉冲星	研究星际射电闪烁现象	观测	英国	没有关系	使用了当时测量射电时变信号最好的射电望远镜
1978	Arno Penzias, Robert Woodrow Wilson	发现宇宙微波背景辐射	试图去掉天线的噪声	观测	美国	没有关系	建造了世界上最灵敏的射电天线，竭力搞清所有噪声的来源
1983	Subramanyan Chandrasekhar	发现白矮星结构和演化机制	研究广义相对论的简并电子气的性质	理论	英国	不是	在船上没有杂事可以专心思考，有勇气挑战权威
1983	William Alfred Fowler	发现宇宙化学元素的合成机制	试图否定宇宙大爆炸模型	理论	美国	完全相反	坚持独立的学术思想，精益求精的理论计算
1993	Russell A. Hulse, Joseph H. Taylor Jr.	发现引力波辐射的证据	研究中子星的性质	观测	美国	没有关系	使用了最好的脉冲星观测射电望远镜
2002	Raymond Davis Jr., Masatoshi Koshiba	发现宇宙中微子	研究质子的衰变	观测	美国、日本	没有关系	建造了世界上最灵敏的大型地下探测器，捕捉所有能够探测到的信号

续表

获奖年	获奖人	获奖天文发现	最初研究目的	研究类型	成果产生的国家	是否预期结果	评论
2002	Riccardo Giacconi	发现新类型的宇宙 X 射线源：中子星和黑洞	观测恒星的 X 射线辐射	观测	美国	没有关系	突破了地球大气层的束缚，建造了世界上最灵敏的空间 X 射线望远镜
2006	John C. Mather, George F. Smoot	发现宇宙微波背景辐射的各向异性	研究宇宙微波背景辐射的各向异性	观测	美国	是	突破了地球大气层的束缚，建造了世界上第一个宇宙微波背景辐射巡天空间望远镜
2011	Saul Perlmutter, Brian P. Schmidt, Adam G. Riess	发现宇宙加速膨胀、暗能量存在的证据	研究宇宙减速膨胀	观测	美国、澳大利亚	完全相反	使用了世界上最强大的地面和空间光学望远镜，不受已有主流模型的束缚

5.2 科学发现的必然性：三个要素

既然大部分重大天文观测成果的获得看起来都是偶然的，那么是否重大科学发现都是“瞎猫碰死耗子”？我总结了以往获得重大天文观测成果的研究项目，认为这些看似偶然的成果其实背后有三个要素构成了科学发现的必然性，如表 3 所列。其中前两个要素是对这个项目本身的要求，也就是必须有“保底”的科学目标，同时应该具备做出新的科学发现的能力。而第三个要素则是对项目科学团队的研究水平、研究态度和研究文化的要求。一个科学项目在满足了这三大要素的情况下，必然会做出新的科学发现，这是必然性。但是到底做出什么科学发现、尤其是在新的发现空间里面的预料之外的发现，则很有可能是偶然的，至少在天文学领域是这样的情况。这正是偶然性和必然性之间的辩证统一。

那么为什么重大的开创性天文发现大部分都是事先没有预料或者计划的？这是因为宇宙和自然界太复杂，人的智慧太有限，科学家能够预料或者计划的成果一般肯定都是普通的成果，也就是表 3 中满足第一要素的“保底”的科学成果。爱因斯坦或许是人类历史上最聪明、最有远见和洞察力最深刻的学者，但是他坚信宇宙中没有黑洞（而这恰恰是爱因斯坦的广义相对论的最重要预言之一）、没有暗能量（当时被称为宇宙学常数，而这恰恰是爱因斯坦本人首先提出的），同时认为量子力学有基本错误（而他本人获得诺贝尔

表 3 科学发现的必然性的三个要素

要素	内容	要求	例子
1. 项目提出：确保成功的好目标	仪器指标和产出必须量化	重要的目标加上可行的实现途径，确保项目不会一无所获	COBE 卫星发现了微波背景辐射的各向异性：和主流理论模型的预言一致。但是这种情况在天文发现中极少
2. 仪器设计：确保具有新科学发现能力	仪器指标量化、定性论证新科学发现能力带来的产出	在某些参数空间必须有超越以前仪器的能力，确保具有新的科学发现能力	所有获得诺贝尔物理学奖的天文观测仪器都具有前所未有的新科学发现能力
3. 获取结果：严谨求实、开放创新	勤奋地做好“事后诸葛亮”	坚实的基础、宽广的知识和对领域的全面理解加上突破常规的新思想	除 COBE 卫星之外，几乎所有其他的天文观测研究获得的诺贝尔物理学奖的成果都不在项目的预期科学目标之列

物理学奖的光电效应理论证明了量子力学是正确的）。因此在宇宙和自然面前我们只能谦卑，人类能够理解宇宙和自然已经非常了不起[11]，试图预言宇宙和自然会发生什么事情则是可望而不可即的事情。

但是预料之外的成果往往是重大成果，这是科学研究、尤其是天文学研究最引人入胜和激动人心的地方。要“碰上”这样的成果，固然需要一点运气，但是满足表 3 中的后面两个要素则是必需的。第二个要素保证了该项目有取得预料之外的重大发现的机会。但是这并不能保证获得重大科学成果。我们知道很多历史上和重大科学成果“擦肩而过”的故事，也有人明明做出了重大发现但是自己浑然不知或者没有胆量公布，没有做好“事后诸葛亮”，却成了“事后诸葛亮”的“马后炮”，这都是缺乏第三个要素的后果。因此第三个要素是能够最终兑现重大科学发现的保证，而这就是科学家的水平的体现。

6. 什么是科学以及科学和其他学术研究的关系

6.1 关于科学研究的一个故事及其启示

由于俄罗斯在和德国联合研制一个以暗能量为主要研究目标的空间 X 射线天文卫星，几年前（此时暗能量的研究刚刚兴起）俄罗斯前总理普京在听

[11]爱因斯坦曾经说过，宇宙最令人费解的地方是她竟然可以被理解。

取了关于这个项目的介绍之后，问了两个问题："暗能量有用吗？暗能量危险吗？"当时一个科学家是这么回答的："我不知道。但是 100 年前如果你问爱因斯坦相对论是有用还是危险，爱因斯坦一定回答不知道。但是今天我们知道相对论既有用也危险。"核能、诊断和治疗癌症的加速器、GPS 等都离不开相对论的应用，同样核武器也是相对论的应用！

顺便提一下我自己的一个故事。几年前我应邀在中国科学技术大学交叉科学中心做一个关于黑洞理论研究的报告，报告之后有一个学生提问我这个研究有什么用处。我不假思索地回答："我不知道，但是我想搞明白这个问题。"会场上立刻掌声雷动。我终于明白了为什么我一直认为中国科大是中国科学研究的圣地之一，也是最具有科学精神的校园之一。我每次到科大访问，漫步在科大的校园，都感觉到科学的幽灵在飘荡，这种感觉只有在我参观西南联大遗址的时候才出现过（后面我还会再谈到西南联大）。

6.2 什么是科学？

我们需要从三个层面上回答"什么是科学？"这个看似简单的问题，也就是需要明确科学的三个要素，如表 4 所示。

表 4 科学的三个要素

要素	内容
1. 科学的目的	发现各种规律
2. 科学的精神	质疑、独立、唯一
3. 科学的方法	逻辑化、定量化和实证化

6.2.1 科学的目的

科学的第一个要素就是科学的目的。事实上，如果我们问很多职业科学家科学的目的是什么，很多科学家都会回答：科学的目的是造福于人类。这个回答并不完全正确，或者可以说完全不正确。科学的确可以造福于人类，事实上很多科学研究的成果都已经被用来造福于人类，人类的生活品质和水平也由于科学成果的应用而不断得到快速的提升，今天很多科学研究项目的直接目的就是造福于人类。但是科学的目的本身并不是造福于人类，是人类出于各种目的在很多情况下利用了科学成果造福了人类。科学成果同样可以给人类造成灾难，这样的例子同样也是不胜枚举。

因此科学的目的既不是造福于人类，也不是危害人类。科学的目的就是刨根问底，也就是发现各种规律，比如我们前面所讨论的通过天文学的研究所发现的自然规律奠基了经典力学和量子力学两大基础物理学科，但是如何应用这些规律则并不是科学本身的目的。因此科学家在研究科学的时候可以只关心这些规律本身，并不需要关心它是否有用、是否危险，当然这并不排斥科学家选择开展自己认为是否有用、是否危险的科学研究工作。

需要进一步说明的是，科学研究所发现的规律并不限于自然科学研究的自然规律，也包括其他各种规律，比如社会科学所研究的各种规律。自然科学和社会科学所研究的对象不同，所发现的规律当然也不同，但是它们的目的都是揭示“规律”，而且它们也都符合科学的另外两个要素。但是，并不是所有揭示规律的学术研究都是科学研究，因为很多学术研究都不完全符合科学的另外两个要素。后面在讨论科学和其他学术研究的关系的时候，我们还会回到这个问题。

6.2.2 科学的精神

科学的第二个要素是科学的精神，包括三个内容：质疑、独立、唯一。

“质疑”其实是最基本的科学精神，也就是对于以前的结果、结论、甚至广泛得到证实和接受的理论体系都需要以怀疑的眼光进行审视。但是“质疑”并不完全等同于“怀疑”，更不是全面否定。“质疑”实际上是批评地学习和批评地接受，其目的是揭示以前工作的漏洞、缺陷、不完善、没有经过检验或者不能完全适用的地方。比如爱因斯坦对牛顿力学和牛顿引力理论的质疑的结果是发现了牛顿力学和牛顿引力理论只有在低速（相当于光速）和弱引力场（空间扭曲可以忽略）的情况下才是正确的，否则就需要使用狭义相对论和广义相对论。

“独立”有两层含义，一方面指的是科学研究所发现的规律“独立”于研究者以及研究手段和研究方法，另外一方面指的是科学研究者必须具有独立的思想，科学研究工作也是独立进行的，只有独立做出的科学研究成果才有科学价值，当然这并不排斥学术交流和学术合作，因为交流与合作往往是激发研究者个人的创造力的有力途径，创造力是最终产生高度原创性的独立研究成果的根本原因。需要指出的是，现在学术界有一种令人非常担忧的现象，就是“主流”学者有意识或者无意识地压制或者扼杀所谓“非主流”学术研究，似乎“主流”研究是重要和高水平的，而“非主流”研究是不重要和低水平的。事实上，有不少从事“主流”研究的学者常常是人云亦云和随大流，和“独立”的科学精神背道而驰，而从事“非主流”研究的学者则是在开展独立研究。回顾科学史，我们很容易发现，现在“主流”的学说或者理论以前都是“非主流”的，科学的发展历程就是“非主流”不断地取代“主流”的历程，而这正是“独立”的科学精神的具体体现。

“唯一”指的是科学规律的唯一性，勿用过多的解释。在这里仅仅引用彭桓武学长在 2005 年 4 月 15 日于“世界物理学纪念大会”上的讲话（来源于《科学时报》)：物质世界虽然千变万化，但却十分真诚，“在同样条件下必然出现同样现象”[12]。由于科学的目的就是揭示科学规律，离开了“唯一”的科学精神，也就无所谓“刨根问底”，科学的目的也就不再存在，当然科学研究也就无法进行，因为科学研究方法基本上就是通过天文学的研究围绕着科学规律的唯一性发展出来的。

6.2.3 科学研究方法

科学研究方法也包括三个内容：逻辑化、定量化和实证化。

科学研究显然起源于哲学，而哲学研究所建立的逻辑化正是科学方法的一个关键内容。通过学术研究获得的博士学位前面往往加上“哲学”而被称为“哲学博士”，就是这个原因。古希腊宇宙观“地心说”的建立是以毕达哥拉斯和亚里士多德等哲学家对当时天文观测的经验进行整理归纳和推理演绎之后得到的。同时地心说也被注入了人本主义的哲学思想，认为地球处于宇宙的中心是最为合理的，这是地心说统治了学术界大约两千年的主要原因，直到哥白尼突破了这个哲学思想而建立了“日心说”。

在使用哲学的逻辑化开展科学研究的过程中，定量化是必不可少的。没有定量化，就无法通过归纳建立模型，也无法对模型进行演绎来做出预言，并被进一步的观测或者实验检验。数学的研究所建立的各种计算方法和工具使得科学研究和现在一般意义上的哲学研究开始分道扬镳。而科学研究的定量化又使得科学研究的成果能够得到实际应用，这是科学和哲学彻底分离的最显著标志。关于现代科学和哲学的关系，一代物理学大师费曼（Richard Feynman，1918—1988）有一句名言：“哲学和科学一般没有关系，当发生关系的时候一般都是哲学损害科学。”当然这是费曼对科学史的解读，而恰恰预言了最近几十年在中国大陆一再发生的“哲学损害科学”的现象。

实证化则是最需要被强调的科学研究方法。从天文学的研究带来的人类认识宇宙的几次大飞跃都可以看到，每一次重要的进展都是当旧的模型的预言和新的观测结果矛盾，或者旧的模型完全没有预言的观测结果无法再用旧的模型进行解释。旧的模型可以被新的观测或者实验所推翻或者修改，但是这些旧的模型也都是科学理论，是追求“唯一”正确的科学理论的历程中所必须经过的阶段。因此可以被证伪的理论才是科学理论，但是不一定是正确的，或者不一定是在所有的情况下都是正确的。能够解释已知现象，但是不能被证伪的理论不是科学理论，比如玄学等（我相信读者可以很容易地举出

---

[12] 苏定强院士在给作者的回信中指出，对“概率性”的现象从表面上看起来似乎并不是这样，比如那么一个完全相同的硬币掉在完全相同的地面上，可能这面朝上，也可能另一面朝上。按照物理上测不准原理，相同的粒子它的路径是不定的，但是大量粒子是有规律的，比如几率波。所以我认为，如果接受量子力学对物理测量的解释，也就是测量结果只有统计平均的意义，那么“在同样条件下必然出现同样现象”应该按照统计意义理解。

很多例子)。科学巨匠爱丁顿(Sir Arthur Stanley Eddington，1882—1944)对于不能被证伪的理论有一个恰如其分的定论：It's not even wrong(连错误都谈不上)。也就是说，不能被证伪的学术理论或者模型甚至连错误的科学理论或者科学模型都算不上。

现在有不少的科学研究都忽视了实证化。做模型、建理论、写文章的动机和结论都局限在解释已有的观测数据或者实验结果，而很少甚至完全不考虑模型或者理论能够做出什么预言、这些预言如何被进一步的观测或者实验检验。我本人最近就犯了这样的一个错误。我在一篇文章中建立了脉冲星磁场演化的一个唯象模型，这个模型成功地解释了过去几十年积累的所有有关的脉冲星观测数据，但是文章的初稿中没有做出明确的能够被未来的研究所检验的预言。审稿人的一句话使我如梦方醒："Can you make a prediction?"我自己很得意的模型差一点成为连错误的科学理论都算不上的模型！我们前面已经谈到，科学巨人爱因斯坦在建立了广义相对论理论之后，不但解释了水星近日点的反常进动，而且还预言了光线的引力偏振将是区分广义相对论和牛顿引力理论的关键。爱因斯坦的科学素养给我们树立了一座丰碑，值得我们永远认真地学习。

6.3 科学和其他学术研究的关系

关于科学和其他学术研究的关系，讨论较多的问题可能就是哲学是不是科学、数学是不是科学?

如前所述，现代科学的确起源于哲学，哲学的逻辑化是科学研究方法的重要内容，而数学则是科学的定量化的方法的基础。但是我们现在一般意义上的哲学研究不但缺乏定量化，而且哲学理论的实证化也几无可能。实际上，我们很难说哲学研究的目的是揭示什么唯一的规律，所以哲学的目的和精神也和我们讨论的现代科学有很大的差异。因此，既然哲学的目的、精神和研究方法都和现代科学有很大的不同，严格地说，哲学并不是科学。

数学和科学的划分则困难得多。其实国外在正式的场所常常把我们国内称为的"理科"写为"Science and Mathematics"，也就是把科学和数学并列，说明数学不能被简单地列为科学的一个分支。很多大学的数学系被写成"Department of Mathematics"或者"Department of Mathematical Science"，后者很显然是希望强调数学的科学性质。事实上，也许数学和科学的唯一区别就是实证化。数学是定量化的逻辑推理，只要推理过程没有错误，就是正确的数学理论，原则上并不需要通过观测或者实验进行检验。所以实证化和我们前面强调的证伪问题对于数学研究并不是最重要的，尽管科学研究的证伪几乎总是需要进行数学计算的。因此严格地讲，数学不是科学，但是和科学关系非常密切。至于应用数学的一个分支——数学建模和科学的关系则更加密切。实际上，应用数学的很多分支已经成为科学研究的一些重要研究领域。因此广义地把数学列为科学的一个领域也未尝不可。很多大学的“School of Science”里面设有“数学系”以及很多国家的科学院里面设有“数学部”大概就是这个原因。

尽管哲学和数学在严格意义上都不是科学，但是哲学和数学也都是严肃的学术研究，而且显然是非常重要的学术研究。我们并不能说科学比哲学或者数学重要，它们之间没有高低贵贱之分[13]。这说明学术研究不一定都是科学研究，再比如历史、文学、艺术、工程技术等学科。事实上，很多学术研究在不少层面上可能都比科学研究更加重要。但是，科学研究并不是局限在“理科”，传统意义上的有些“文科”学术研究由于引进了科学的研究方法，也已经成了科学研究的重要领域，比如心理学、行为学、精神学、社会学、经济学等学科。

在这一节的最后，我简要地讨论一个问题：“作为学术理论，科学社会主义理论和科学发展观是不是科学理论?”回答这个问题就需要考察这个理论是否符合我们前面所讨论的科学的目的、精神和方法的所有要求。首先，这个理论的目的是找到适合中国发展的规律。其次，在这个理论的形成并不断改进的过程中，科学精神的三个内容都在不同程度上得到了体现。最后，从学术研究方法看，这个理论是在中国的长期实践中总结出来的，当然满足逻辑化的要求。定量化则体现在这个理论对于中国社会和经济等方面发展的具体指导上。“实践是检验真理的唯一标准”就是这个理论的实证化的体现。但是我认为，这个理论体系还很不完善，其核心框架的定量描述和理论预言还需要结合科学的研究方法进行加强, 这是留给有关理论工作者的一个重要研究任务。尽管如此，这个理论仍然是一个科学理论，而这个科学理论正确与否，取决于是否找到了适合中国发展的客观规律，其判别的标准就是中国能否在这个（不断完善的）理论的指导下逐步实现国富民强并再次领先世界。我在本文的最后一节还会回到这个问题进行讨论。

7. 关于中国古代“科学”的讨论以及李约瑟难题

7.1 中国古代四大发明是科学吗?

在谈到中国古代的造纸术、指南针、火药和活字印刷术这四大发明的时候，通常都说是四大科学发明或者四大科技发明。实际上，这四大发明尽管非常伟大，是中国对人类文明的重要贡献，但是它们都不是科学，而只是技术。由于我们的祖先没有刨根问底地去研究这些技术背后的规律，因此不但没有发展成为化学、电磁学、地球物理、自动化等科学学科，当时先进的技

13)我本人就极为崇拜哲学家和数学家，常常对哲学家和数学家的学术水平自叹弗如。

术也逐渐被西方超越。北京大学的饶毅教授最近引用了美国一个科学家对于中国古代没有研究科学的后果的评论[14]，说明美国人很清楚中国为什么落后，当然也很清楚他们的发展方向。我把饶毅教授的这段文字抄录如下：

> 1883 年，美国科学家罗兰在美国《科学》杂志上撰文，有几句话非常刺激。他说，“我时常被问及，科学与应用科学究竟何者对世界更重要，为了应用科学，科学本身必须存在，如停止科学的进步，只留意其应用，我们很快就会退化成中国人那样，多少代人以来他们都没有什么进步，因为他们只满足于应用，却从未追问过原理，这些原理就构成了纯科学。中国人知道火药应用已经若干世纪，如果正确探索其原理，就会在获得众多应用的同时发展出化学，甚至物理学。因为没有寻根问底，中国人已远远落后于世界的进步。我们现在只将这个所有民族中最古老、人口最多的民族当成野蛮人。当其他国家在竞赛中领先时，我们国家（美国）能满足于袖手旁观吗？难道我们总是匍匐在尘土中去捡富人餐桌上掉下的面包屑，并因为有更多的面包屑而认为自己比他人更富裕吗？不要忘记，面包是所有面包屑的来源”。

7.2 李约瑟难题

事实上，中国古代的天文观测也比西方发达，但是在人类认识宇宙的七次飞跃中都无所作为。在理论方面中国古代的天文发展成了占星术，但是没有发展成为现代意义上的天文学。在技术方面中国古代的天文主要是服务于农业，但是没有产生现代科学。因此就有了著名的李约瑟难题：“中国古代的文化和技术都远远比西方发达，但是为什么没有产生现代科学？”

对李约瑟难题的研究直到今天都一直很多，我本人并没有系统地研究过这个问题，在这里仅仅从以下三个方面进行简单和初步的探讨。

7.2.1 两个和天文有关的古代寓言故事

在“文革”期间的“批林批孔”的运动中，我在课堂上知道了“两小儿辩日”的故事：孔子东游，见两小儿辩斗，问其故。一儿曰：“我以日始出时去人近，而日中时远也。”一儿以日初出远，而日中时近也。一儿曰：“日初出大如车盖，及日中则如盘盂，此不为远者小而近者大乎？”一儿曰：“日初出沧沧凉凉，及其日中如探汤，此不为近者热而远者凉乎？”孔子不能决也。两小儿笑曰：“孰为汝多知乎？”

---

[14]摘自 2012 年 6 月 8 日《文汇报》，6 月 2 日下午北京大学生命科学院院长饶毅做客第 54 期文汇讲堂，主讲“海归能推动中国科研改革吗？”。

到底是早晨还是中午太阳离人近，肯定只有一个答案，但是这个故事没有得到这个答案就结束了，而且这个答案中国人始终也没有得到[15)]。至于故事里面谈到的现象，本来是严肃的地球大气科学、光学、测量学等科学问题[16)]，但是两千多年以来在中国一直没有作为科学问题进行研究，反而作为孔子的笑料[17)]。这是一个以诡辩代替刨根问底、以赢得辩论代替追求真理的典型案例。

“杞人忧天”的寓言故事在中国则是更加深入人心，已经成了脍炙人口的成语：杞国有人忧天地崩坠，身亡所寄，废寝食者。又有忧彼之所忧者，因往晓之，曰：“天，积气耳，亡处亡气。若屈伸呼吸，终日在天中行止，奈何忧崩坠乎？”其人曰：“天果积气，日、月、星宿，不当坠耶？”晓之者曰：“日、月、星宿，亦积气中之有光耀者，只使坠，亦不能有所中伤。”其人曰：“奈地坏何？”晓之者曰：“地，积块耳，充塞四虚，无处无块。若躇步跐蹈，终日在地上行止，奈何忧其坏？”其人舍然大喜，晓之者亦舍然大喜。

气、日、月、星宿和地为什么不塌，都是严肃的地球大气科学、天文学、力学和地球科学等科学问题，但是两千多年以来在中国仅仅作为嘲笑“不切实际”的人的笑料广为流传，没有作为科学问题进行研究。这是一个以自圆其说代替刨根问底、以实用主义代替追求真理的典型案例。

7.2.2 中国传统思想和实用主义

请读者想想在我们身边是不是还在不断地发生着类似上面这两个寓言故事的事情：以诡辩或者自圆其说代替刨根问底、以赢得辩论或者实用主义代替追求真理？出现这种现象的原因在于中国的传统思想和实用主义对中国人的思维造成了根深蒂固的影响，这是科学没有产生在中国以及中国传统文化

---

15) 我的意思不是现在中国人仍然不理解这个问题。我想说明的是，直到西方科学传到中国之前，中国人一直没有认真地研究并解决这个问题。苏定强院士在给本文作者的信中指出，南京大学戴文赛先生研究过这个问题并发表在《南京大学学报》（大概是 1955 年第一期上），结论是：太阳有时早晨近，有时中午近，但差得不大。

16) 苏定强院士在给本文作者的信中对有关问题做了精彩的评论，现摘编如下：“中国古代这个故事流传了两千年，如果量一下太阳的角直径就会知道，水平方向早晨和中午相同（微小的差别古代人是量不出的），垂直方向早晨的角直径小一点（太阳升起时是扁的），也就是太阳早晨的视面积比中午小一点，得到的结论应是太阳早晨远，然后就会联想到，看起来早晨近（大）是视觉错误。但太阳早晨的视面积比中午的小得不多，不至于引起早晨比中午凉那么多，于是会猜想地面可能存在大气，大气会吸光，早晨凉主要是阳光穿过大气的路径长，太阳形状扁很可能也是大气造成的，会得到好几个科学结果和猜想。如果更进一步，一年四季频繁地测太阳角直径，就会发现地球绕太阳的轨道是椭圆，太阳在椭圆的一个焦点上，甚至得到运行时相同时间扫过相同面积，如果这种测量在开普勒之前，那就对地球（一颗行星）比开普勒更早得到了开普勒第一和第二定律，有了这样的结果就很容易推广到其他行星。”

17) 至少在“文革”期间的“批林批孔”的运动中，我的老师们在课堂上就是这么解读这个寓言故事的。

中严重缺乏科学精神的主要原因。

中国并不缺乏思想家，也不缺乏对整个宇宙的思考。但是中国传统文化强调的是人和自然、人和宇宙的关系，并不重视探索统治自然和宇宙的规律，更不重视研究可以实证的规律。中国的传统思想家满足于形成一套可以自恰的思想体系，而不重视思想体系对自然现象的解释、应用以及预言新现象。因此这些思想体系不能也没有被发展成为真正的科学理论。所以中国传统文化中缺少基本的科学理念，也就是任何现象都受基本规律的制约。毋庸置疑，中国古代的技术曾经领导世界，对整个人类文明做出过辉煌的贡献。中国古代的农学、药学、天文学、数学等都曾经世界领先，但是在这些方面强调的是实用性，都是在总结经验的基础上产生一些实用的知识，而没有对这些知识做出进一步的理性和系统的整理和抽象概括，探索内在规律成为系统的科学理论。

因此中国古代科学发展落后或者中国古代没有产生科学理论的一个重要原因在于中国古代的技术极端强调实用性。但是实用性眼光不够远大，设定的发展空间极小，一旦现实不提出直接的要求，它就没有了发展的动力。这一点和西方所开创的科学体系完全不同：不以实用为目的，为追求规律而追求规律，这就为科学的发展开辟了无限的空间，形成了一次又一次的科学革命，而科学革命最终（可能是几十年甚至上百年之后）带来了一次又一次的技术革命，这在天文学以及现代科学与技术的发展历史中都得到了清楚和生动的展示。但是中国在历次科学或者技术革命中都无所作为，甚至是受害者。尽管清朝时中国的 GDP 已经世界第一，但是仍然没有避免大清帝国的沦落所直接导致的中国近代史上近一个世纪的半殖民地、半封建的社会。没有刨根问底的惨痛教训我们永远不能忘记!

7.2.3 现代版的李约瑟难题：钱学森之问

现在中国的科学远远落后于发达国家，造成这种现状的原因是多方面的，但是我们前面讨论的中国社会普遍缺乏科学精神应该是一个关键原因，而整个社会的状况则和教育密不可分。任何一个社会在某方面的状况总是由该方面的最杰出人才所代表的。比如众所周知美国现在是国际上科学和技术创新都最先进的国家，技术创新的代表人物就是家喻户晓的盖茨和乔布斯，而很多诺贝尔奖获得者都是科学创新的代表人物[18)]。中国在科学方面的落后就表现在没有科学大师，而这必然是学校的教育出了问题，因此就有了钱学森之问：为什么我们的学校总是培养不出杰出人才?

事实上，中国的教育还是出现过短暂的辉煌：条件极差的西南联大培养

---

18) 当然很多诺贝尔奖也授予了具有重大意义的技术创新，比如光纤通信、CCD、全息、综合孔径、激光等重大技术。

出了两个诺贝尔奖获得者和一批国际级的科学和各种学术大师。但是后来的以北京大学和清华大学为代表的中国高等教育培养出了什么大师？再回头看看，经济落后的“文革”前和“文革”期间，中国还是出了一批国际水平的科学成果并成就了两弹一星的伟业，但是改革开放以后有什么重大科学创新和重大技术成果？

详细解答“钱学森之问”是非常困难的话题，所以我在这里不试图展开讨论。但是有一点很值得我们思考：在西南联大以及经济落后的“文革”前和“文革”期间，急功近利和实用主义不是社会的主旋律。相反，不可否认的是，那是理想主义的时代，是激情燃烧的岁月，但是那样的时代已经一去不复返了，我们也不愿意而且也坚决不会再回到那样的时代，所以我们必须探讨在现在的时代中国如何能够继续发展，如何再次领先世界。

8. 中国如何再次领先世界？

8.1 提出李约瑟难题和钱学森之问的逆问题

关于李约瑟难题和钱学森之问，限于篇幅和作者本人的学识，前面我们只进行了简要的探讨，但是我们认识到中国社会普遍缺乏科学的精神应该是一个关键的因素，而要改变一个庞大的、有着极长（悠久）历史的社会的思维模式和价值观是非常困难的，也是要经过极长周期的。但是我们也可以问李约瑟难题和钱学森之问的逆问题：中国需要先进的科学吗？中国需要大批的科学大师吗？

恐怕大部分人都会回答：“需要。”但是在一个普遍缺乏科学精神的社会，这个回答没有太大的意义。实际上，批评中国社会普遍缺乏科学的精神肯定是不受欢迎的，因为“科学”似乎在中国大地极为深入人心，我们甚至于把所有好的或者有道理的东西都说成是“科学的”，所有不好的或者没有道理的东西都说成是“不科学的”，这在科学的发源地欧洲和科学最发达的美国都是不可想象的。这其实是“泛科学化”的体现，导致“科学”这两个字在中国已经基本上失去了其本来的意义。试问，中国社会上有多少人能够回答出“科学的目的、精神、方法”的哪怕一条或者一条的其中一个内容？根据我的经验，这个比例恐怕是惊人地小，而且即使受过高等教育或者从事科学研究的高层次人才也不一定都说得清楚什么是科学。有一次在我以本报告的主题演讲之后，有一位“科学普及”专业的研究生发言，认为我的演讲是反科学的，对于科普工作极为不利。我在和他沟通之后才知道，他对于什么是科学几乎完全说不清楚，而说出来的几乎都是错误的。这就是中国社会普遍缺乏科学精神的一个真实反映，而这实际上是我本人思考这篇文章的一些问题的主要动机。

但是，从唐朝开始几乎没有科学的中国照样独领风骚上千年，而科学大师极少的中国照样成就了两弹一星和最近 20 年的经济奇迹。同样，我们也应该清醒地看到，没有科学的盛极一时的大清帝国最终输给了科学发达的西方列强，而科学落后的现代中国的社会和经济发展也遇到了很大的挑战。因此我们需要问这样的问题：科学研究仍然落后、科学大师仍然稀少的现代中国，能够再次独领风骚吗?

8.2 中国的三阶段创新路线图

我们首先分析一下欧、美、日的科学和技术。我们如果了解一下诺贝尔科学奖的授奖情况就会发现，大部分原理性的科学突破来自于科学的发源地欧洲，而大部分具有应用价值的科学发现来自于美国。因此普遍地讲，欧洲人深刻地理解什么是科学，但是美国人更加理解科学的应用价值。而大部分好的高科技产品则来自于日本，因此很显然日本人最理解如何制造好的产品。因此若能结合欧、美、日的共同优势，中国必然能够再次领先世界。在这个问题上应该没有争议，有争议的部分、也是我们需要认真研究的是发展的路线和方向。

目前中国科学界普遍宣扬，中国应该加大科学研究的投入，从而实现“科学落后 → 科学强大 → 技术强大 → 国力强大”的三步跳，也就是通过先进的科学带动先进的技术，而技术强大就会带领和支撑经济的发展和国力的强大。这听起来很有道理，因为科学是技术的源头，似乎科学先进一定立刻会带来技术先进。但是日本的成功并不支持这样的观点。日本的科学的确是比中国先进，尽管最近几十年和欧美的差距在逐渐缩小，但是还是比欧美落后，不过这似乎并没有妨碍日本的高科技产品整体上比欧美先进。我们可以设想一下，如果中国能够具有日本研发和生产高科技产品的能力，那么中国会是什么样? 但是正如前述饶毅教授的报告中所指出的，日本在科学方面相对美国的落后，导致了在有些高科技领域受制于人。我认为这是中国在今后长期发展的过程中需要逐步解决的问题，而不是一步登天赶超欧美。

前面我们讨论了，中国社会的现实就是普遍缺乏科学精神和“泛”科学化共存，急功近利和实用主义是社会的主流，我认为在这种情况下盲目高速增加对科学研究的投入不是最佳的选择，不但不会使中国的科学水平迅速赶超欧美，而且有可能在科学的大量投入没有产生期望产出的情况下，使中国的“泛”科学化变成“反”科学化，这样将会对中国的长期发展带来严重的后果。事实上，中国社会的“反”科学化声音似乎有越来越强的趋势，需要我们十分警惕，我后面还会回到这个问题。

因此我认为大力和优先发展科学不是中国现阶段的主要任务，而符合科学发展观的中国三阶段创新之路、也就是中国的三阶段创新路线图应该如

图 18 所示："经济实力 → 技术实力 → 科技实力 → 科学实力"，其基本战略就是尽快摆脱"山寨"[19]经济，循序渐进地向日、美、欧学习，这样必然会使得中国再次并且长期领先世界。不可否认，中国最近 10—20 年"山寨"经济是中国经济高速发展的一个重要原因，而这样的经济模式是不能持续发展的。但是有了这个阶段的原始积累，中国已经具备了向日本学习"产品创新"的经济实力，这可以使得中国的经济进入"持续发展"的阶段，中国也就具备了类似日本今天的技术实力，中国那时的经济规模和整体实力将能够和日、欧、美平起平坐。我认为中国需要至少 20—30 年的时间才能完成这个阶段的转变。

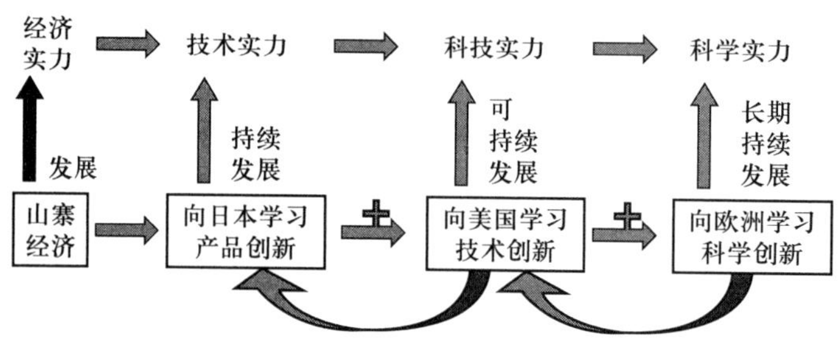

图 18　中国的三阶段创新路线图

另一个阶段，就是在强大的技术实力的支撑下向美国学习"技术创新"，从源头上掌握和控制产品创新，这又可以回过来促进和提高产品创新的能力，整个经济将进入良性循环的"可持续发展阶段"。完成这个阶段的转变将是十分艰难的，如果能够在 21 世纪后叶实现将是十分了不起的成就，中国将在经济、技术和军事等方面成为世界第一，开启在世界独领风骚的新时代。

最后一个阶段则是向欧洲学习什么是科学和如何开展科学研究，这个时候中国已经达到了国富民强的程度，具备强大的技术创新能力，急功近利和实用主义应该不再是社会的主流，也就是说中国这个时候具备了全面发展科学的经济条件。如果科学精神能够深入到整个社会的思维模式，也就是追求科学规律的理想主义有可能会普遍地得到认可和实践，那么中国完全可以在科学方面也成为世界第一，从源头上控制技术创新，进入整个社会和经济的"长期可持续发展阶段"。这样就可以保证中国不但能够在世界独领风骚，而且可以长期持续地保持领先地位。

当然上面的三个阶段的划分在时间上不是绝对前后的关系，而应该是三个阶段同时进行，但是国家应该制定明确的发展战略，在不同的时期发展的重点有所不同而侧重于某一个阶段，以保证资源的最佳使用和社会的逐渐进

[19]这里的"山寨"没有贬义，仅仅是一个通俗的说法，在这里泛指引进或者外资生产线、代工、贴牌或者冒牌的生产活动。

步。尽管我们希望中国最终成为世界上科学研究领先的国家，但是如上所述，这需要极长的过程。大跃进的模式不但不能搞生产和建设，实际上更加不能发展科学，因为科学的发展不仅仅需要物质的条件，更需要适合科学发展的价值观和社会文化，价值观和社会文化的形成则需要在一定的物质基础的条件下进行长时期的沉淀。在一定程度上，把科学说成是象牙塔里面的智力游戏是有一定道理的，穷人一般情况下玩不起，暴发户也不会毫无功利性地玩这个。只有中国社会的主旋律不再是急功近利和实用主义的时候，才会有科学大发展的文化基础。

目前科学研究的一个趋势就是建设耗资巨大的“大科学工程”。但是我非常担心在中国社会普遍缺乏科学精神、而急功近利和极端实用主义为主流的情况下，对大科学工程的巨额投入如果不能同时带来技术的进步（也就是产生有用的回报）的情况下，会引起社会和政府对大规模科学投入的负面看法，这样就会长期阻碍科学在中国的发展。作为科学家，我们不仅仅要为我们现在的领域、单位、甚至课题组的发展负责，也要有社会责任，更要从战略上考虑科学在中国的长远发展。

因此在中国的社会现实情况下，我认为目前对科学的投入应该重视对我国技术的带动作用（尽管产生的科学成果不一定有直接的应用价值，或者现在还不能看到应用价值），能够对中国现阶段的经济发展有重要作用达到短期内就回报纳税人的目的，同时获得的科学成果可以弘扬科学精神达到长期回报纳税人的目的，最终在科学研究过程中产生的杰出科学家可以起到榜样的力量达到长期支撑科学的发展的目的。这样做就能够起到“一箭三雕”的作用。同时，在这个发展过程中，始终开展并逐步加强科学教育将非常关键，最后我还会回到这个问题。

8.3 回答李约瑟难题和钱学森之问的逆问题

现在我们可以回答李约瑟难题和钱学森之问的逆问题了：“中国需要先进的科学吗？中国需要大批的科学大师吗？”

既然中国目前这个阶段的发展重点应该是向日本学习产品创新，所以我认为短时期内中国并不急迫需要先进的科学，至少暂时不需要全面先进的科学。但是能够保持长期持续发展并领先世界的中国最终需要全面先进的科学，因为唐、宋、明、清的时代一去不复返了，中国领先世界必须从“以夷制夷”发展到“以夷治夷”。同样我也认为短时期内不需要大批的科学大师，但是最终全面先进的科学必然能够成就大批科学大师，因为西南联大和“文革”的时代也一去不复返了，那个尽管物质贫匮但是理想主义为主旋律的激情燃烧的岁月在可以预见的未来不会回到中国了。未来中国的科学大发展必须是建立在国富民强的基础上。

9. 结束语

从古希腊的宇宙观到哥白尼的日心说，人类认识宇宙的第一次飞跃经历了漫长的两千年。应该说，哥白尼日心说的提出并不能代表现代自然科学的诞生。现在自然科学是从伽利略开始的（尽管牛顿建立了现代自然科学的第一个理论体系），是伽利略把逻辑化、定量化和实证化同时引入了他的研究，伽利略可以说是现代自然科学研究的鼻祖。伽利略 400 年前发明的天文望远镜使得人类能够看清楚远处的宏观世界，从此人类的宇宙观快速地经历了六次新的飞跃。伽利略随后发明的显微镜又使得人类能够把近处的微观世界看清楚。因此真正意义上的科学研究在欧洲已经有 400 多年的历史了，所以他们骨子里面理解什么是科学。中国人接触科学的历史才 100 多年，真正自己动手做科学研究只有区区几十年，而也仅仅在最近一二十年才开始成规模地做起来。因此中国社会普遍缺乏科学精神也是情有可原的。但是如果要使得大部分中国人理解什么是科学并且具有科学精神，我认为最重要的是要加强两个方面。

一方面是从正确的“科学”教育开始。我们大多数人接受的所谓“科学”教育实际上就是教我们已有的科学规律是什么和如何使用这些规律，而我们学不到这些科学规律是怎么得到的和应该怎么进一步发展，也就是缺乏科学精神和科学方法的教育。而过多地强调科学的有用性，又使得我们不知道科学的真正目的是什么。可以说我们只学到了科学知识，而不知道科学是什么。要改变这种教育现状需要大量的努力和漫长的过程，这肯定需要多代人的努力。从本文可以看出，了解天文学的发展对于理解什么是科学至关重要，而这也许就是西方国家一直把入门天文学作为基础教育的重要内容的一个原因。而我国的天文教育则极为落后，大、中、小学天文教育的普及程度极差，这从中国很多年只有两所高校有天文系，而至今有天文系的高校还是屈指可数就可以看出来。而欧美的情况则是入门天文教学在中小学十分普及，而且几乎每一个大学都有天文系或者天文方向。尽管中国经历了鸦片战争、五四运动、“文革”以及改革开放，中国的传统思想和实用主义对中国人的思维造成的根深蒂固的影响仍然没有能够显著地改变，中国社会仍然严重缺乏科学精神，天文教育的极度缺乏肯定是一个原因，而且很可能是一个主要原因。

另外一方面就是榜样的力量。早年回国的“三钱”、获得诺贝尔物理学奖的李政道和杨振宁、数学家华罗庚和陈景润等不但激发了几代人的理想主义并投入了科学研究，同时也正面地弘扬了科学精神。今天中国社会的科学家数量虽然极为庞大，但是缺乏取得国际领先科学成就的科学大师，尤其是极为缺乏在中国本土取得突出科学成就的榜样科学家。我个人认为，在目前中国的情况下，与其让大批科学家为就业、为职称、为待遇而忙于通过一般水平的研究制造论文[20]，还不如让这些优秀人才和社会精英去为社会的其他方面的发展做贡献，比如投入到“产品创新”或者“技术创新”，也就是我们通常说的应用研究。我认为在中国大规模和全面发展科学的时代尚未到来，适度投入的有限的科学研究的资源应该主要用来创造条件让那些真正理解科学、热爱科学、具有科学精神并志在发现科学规律的一些中国本土顶尖科学家“有所作为”，产生一些榜样科学家。

说明与致谢：本文第 2、3 节的部分素材参考了南京大学李向东教授 2011 年在中国天文学会年会的大会报告的 PPT 文件。本文关于李约瑟难题的讨论的内容主要来自于本人作为《中长期科学与技术规划战略规划研究》“第 14 专题组”的学术秘书和骨干专家所完成的一个研究报告初稿，在这个报告初稿形成过程中得到了北京大学陈佳洱院士和南京大学闵乃本院士等“第 14 专题组”专家的批评和建议。本文的其他主要思想是在为国防科技大学新生研讨课备课的过程中整理出来的，其中部分内容在中国科学院空间科学与应用中心、广西大学、襄樊学院、同济大学、华东师范大学等科研单位和大学演讲的过程中有过一些提炼和扩充。本文的有些想法也和我的同事、朋友和研究合作伙伴王建民研究员多次交流和讨论过。最终形成本文的原因是中国科学院国家天文台刘晓群书记在看了我的演讲 PPT 文件之后邀请我整理成文在《中国国家天文》杂志上发表。南京大学苏定强院士对本文的初稿通过书面和口头都提出了很多建设性的批评和建议。我在此向以上专家和单位表示诚挚的感谢。

编者按：本文原载于《中国国家天文》杂志 2012 年 9 月号。

[20] 苏定强院士在 2006 年中国天文学会年会大会报告中，深刻地指出了这个现象并提出了一系列的建议。

相对论在中国

相对论在中国的启蒙

胡大年

胡大年，纽约市立大学（The City University of New York，CUNY）城市学院（The City College）历史系教授。

两位留学日本的中国学者，许崇清和李芳柏，率先向中国人介绍了相对论。如果考虑到1905—1915年前往日本留学的大批中国学生，以及日本物理学家在相对论创立初期对该理论所做的介绍和研究，那么留日学者在向中国介绍相对论过程中所扮演的先驱者的角色，就不难理解了。

日本物理学家早在1907年以前就已开始学习和研究爱因斯坦的理论。1907年元旦刚过，一名年轻的物理学家桑木彧雄（Ayao Kuwaki，1878—1945）在一份日文报纸上发表了介绍相对论的文章。[1] 日本最早的理论物理学家之一石原纯（Ishiwara Jun，1881—1947）于1909年发表了与狭义相对论有关的第一篇论文，在以后的3年中又就此发表了8篇论文。[2] 日本人对现代物理学的兴趣，明显影响了在日本留学的中国学生。到了1917年，就连非自然科学专业的学生，如许崇清，也听说了爱因斯坦的狭义相对论、普朗克（Planck）的量子理论和电磁自然观。

除了介绍将相对论引进中国的两位先驱，本文还将解释相对论的传入为何与中国近代史上最重要的思想启蒙运动——“五四运动”——同时发生，阐明“五四运动”如何为相对论的引进和传播创造了有利条件，并讨论日本

[1] Sigeko Nisio, “The Transmission of Einstein’s Work to Japan,” *Japanese Studies in the History of Science*, no. 18 (1979): 1. 一些日本学者提出，早在爱因斯坦于1905年发表狭义相对论后不久，桑木彧雄就已开始研究相对论。见 James R. Bartholomew, “The Formation of Science in Japan: Building a Research Tradition (New Haven, Conn.: Yale University Press, 1989), 179。

[2] Sigeko Nisio, “The Transmission of Einstein’s Work to Japan,” 4–6。有关石原纯的生平，参考了西川哲治等编，物理学辞典（修订本），东京：培风馆，1992, 75。感谢中田仁（Hitoshi Nakada）博士帮助作者将有关的日文翻译成英文。关于石原纯的一份更早但却可能更为权威的传略为 Tetu Hirosige, “Jun Ishiwara,” in *DSB*, VII: 26–27。关于石原纯1912年以前发表的相对论研究论文目录，参见 Jun Ishiwara, “Bericht ueber die Relativitaetstheorie,” Jahrbuch der Radioaktivitaet und Elektronik 9 (1912): 560–569。

的科学教育和研究工作对相对论在中国的传播所产生的影响。

1. 相对论初现于中国

爱因斯坦的相对论于 1917 年初次在中国露面。在当年 9 月出版的《学艺》杂志上，时为东京帝国大学学生的许崇清发表了一篇文章，文中引用相对论作为其论据。[3)]

许崇清（1888—1969）是广东番禺县人，出生于一个书香世家。其父许炳暐科举出身，曾任山东候补知府。[4)] 许崇清 8 岁丧父，其母因无力抚养 4 子 3 女，在许崇清 12 岁时将他送往湖北武昌的姑丈家寄养。武昌距离许崇清的故乡有 800 多千米，是长江沿岸重镇和主要的对外通商口岸，有很多西方传教士在这里活动。在武昌，许崇清就学于一所教会学校，1905 年考取官费赴日本留学。[5)] 起初，他就学于东京第七高等学校，毕业后进入东京帝国大学文学部学习。1918 年大学本科毕业后又完成了两年的研究生学业，于 1920 年 8 月回到中国。

在大学里，他起初对新康德哲学（neo-Kantian philosophy）感兴趣，后来又青睐于孔德社会学（Comtian sociology），最终决定学习赫尔巴特教育学（Herbartian education）。许崇清的专业并非自然科学，然而，他却密切关注着现代物理学的进展，这很可能是出于他的哲学兴趣。他熟悉并向读者推荐了下列科学书籍：吉布森（Charles R. Gibson）的《今日科学思想》（*Scientific Ideas of Today*）、舒斯特的《物理学进展》（*The Progress of Physics*）、庞加莱（*Henri Poincaré*）的《最后的沉思》（*Dernières Pensées*）和普朗克的《物理学知识的新途径》（*Neue Bahnen der Physikalischen Erkenntnis*）。[6)] 能够阅读这些英、法、德 3 种文字的原著，显示出许崇清在语言方面的天赋。也许正是由于这种通晓多门外语的能力，使他能够更及时地了解西方的新思想。

[3)]许崇清，再批判蔡孑民先生信教自由会演说之订正文并质问蔡先生。学艺，1917 年 9 月，2: 211−215。孑民是蔡元培的字。应当指出的是，许崇清在此并没有使用"相对论"这一术语，而是采用了译自德文 Relativitätsprinzip 的"相对性原理"。周昌寿认为许崇清的文章是中国最早有关相对论的文献之一，戴念祖更进而称许崇清是最早提到相对论的中国人。详见周昌寿，相对论原理概观，东方杂志，1922 年 12 月 25 日，19(24): 8；戴念祖，爱因斯坦在中国——记 1922—1923 年间爱因斯坦两次路过上海和相对论在中国早期的传播；赵中立，许良英编，纪念爱因斯坦译文集，上海：上海科学技术出版社，1979, 402。

[4)]此处及后文中有关许崇清生平的资料主要取自以下来源。露莎，许崇清，见中国现代教育家传，长沙：湖南教育出版社，1986, 329−341；徐友春，民国人物大辞典，石家庄：河北人民出版社，1991, 839。

[5)]在武昌，许崇清结识了黄兴和宋教仁。与这二位国民党元老的友谊影响了许崇清的政治倾向。

[6)]许崇清，再批判蔡孑民先生，215。

发表许崇清文章的《学艺》杂志，是丙辰学社的社刊。[7] 丙辰学社，由包括许崇清在内的一群中国留学生于 1916 年底在日本东京创立，其宗旨是推动中国的自然科学的学习与研究，[8]《学艺》是实现这一目标的主要工具。许多在海外的中国留学生都通过该杂志向中国介绍各种西方现代科学思想，许崇清介绍的爱因斯坦的相对论只是其中之一例。

上述许崇清的文章，起因于蔡元培 1917 年关于宗教信仰的一次演讲。蔡元培在演讲中宣称：

> 在科学发达以后，一切知识道德问题，皆得由科学证明，与宗教无涉。惟科学所不能解答之问题，如宙之无涯涘，宇之无终始，宇宙最小之分子果为何物，宇宙之全体果为何状等。是举此等问题而研究之者，为哲学。[9]

许崇清不同意蔡元培的观点，他指出，蔡元培所说的哲学问题，实际上已并非当时的哲学家们所研究的问题；蔡元培所认为的在科学上无法解决的有关时间与空间的问题，已经由爱因斯坦的狭义相对论所解决。在此，许崇清给出了迄今所知最早的关于狭义相对论的中文介绍：

> 方今自然科学界，关于时空（即宇与宙）之研究，则有 Einstein 于 1905 年发表之“相对性原理”（Relativitätsprinzip）。此原理以二假定为前提，其一则为“相对性之假定”，其二则为“光速不变之假定”。艾氏据此以时间相对性之定义，而牛顿力学所悬设之绝对空间绝对时间几至不能成立。[10]

许崇清提到了狭义相对论的两条基本假设，但并未对它们做出解释，也未详细阐述相对论的理论本身，因为他觉得，爱氏理论中的数学计算和推导对他来说，“为事颇复杂，姑不赘述”。不过，他还是提到了狭义相对论的一

---

[7]丙辰学社成立于 1916 年 12 月，是年为农历丙辰年，由此得名。该社于 1923 年 6 月改称为中华学艺社。有关中华学艺社的更详细的情况，参见中华学艺社沿革小史，学艺，1933 年 3 月 30 日，12（学艺百号纪念增刊）：1。另外亦可参见“五四”时期期刊介绍，北京：生活 · 读书 · 新知三联书店，1979, 3: 346。关于中华学艺社和《学艺》杂志的最新研究，参见范岱年，一个曾致力于人文与科学交融的学术团体及其刊物，科学文化评论，2004, 1(3): 68–85。

[8]适夷，说学艺，学艺，1917 年 4 月，1(1): 3–5。君毅，发刊词，学艺，1917 年 4 月，1(1): 1–2。

[9]蔡元培，蔡孑民先生致新青年记者书，学艺，1917 年 9 月，1(2): 216。

[10]许崇清，再批判蔡孑民先生，211—215。应当注意，许崇清将爱因斯坦 1905 年发表的狭义相对论称为“相对性原理”，这在早期相对论研究者中并不罕见。爱因斯坦本人直到 1907 年才接受以“相对论”（德文为 Relativität）作为其理论的新名称，然而即使在那之后的好几年，他仍继续称其理论为“相对性原理”（德文为 Relativitätsprinzip）。有关爱因斯坦相对论名称演化过程的讨论，参见 John Stachel, ed., Einstein's Miraculous Year:Five Papers That Changed the Face of Physics (Princeton, N.J.: Princeton University Press, 1998), 102。

项非同寻常的推论，即“光之速度为一切物体运动之速度之极限”。为说明这一点，他引述的不是爱因斯坦的理论，而是庞加莱曾引述过的一个有趣的思想实验，即所谓的“Lumen 实验”。许写道：

> 由此实验观之，可知吾侪所经验之时序，全由吾侪所见如之现象对于光之速度而定。若此速度与光之速度相等或大于光之速度，则现象之时序尽皆倒乱。是故吾侪既以光为标准，以测度观察时空之现象，则当然以光之速度为绝对最大之速度。[11]

还有一点值得注意的是，许崇清在文章中提到了狭义相对论的影响，以及物理研究中的一些流行趋势：

> Minkowski 氏亦主张时空无独立之主义。氏于 1908 年关于时空之讲演（演题 Raum und Zeit [空间与时间]）震动全欧学界，旧派物理学者瞠然大惑。若乃电气力学的自然观、量子论等，亦皆方今物理学之新路径也。而牛顿之运动三则业已减其妥当之 Wert [价值]，即 …… 万有引力说，亦已于理论上失其绝对之义，须于电气力学 Electrodynamics 之基址上重新改造矣。[12]

这里，许崇清还提到了另外两种重要的物理思想：电磁自然观和量子理论。尽管他认为这些都是研究现代物理的新途径，但并未详细阐述。

综上所述，许崇清引进了一些狭义相对论的基本假设和概念术语，但并没有介绍多少具体内容。他对相对论重要性的认识，主要是基于其对该理论的哲学理解。因此，他的介绍对于希望深入了解相对论的中国读者并无多大帮助。但是，那些读者们也不需久等。就在许文发表之后仅仅两个月，另一位留日的中国学者，在华中某高等学府组织的演讲中，对狭义相对论作了更详细的介绍。

2. 中国的第一场相对论演讲

1917 年 11 月 3 日，在湖北武昌的国立武昌高等师范学校，该校新成立的数理学会的成员们聚集一堂，聆听一场关于物理学新进展的演讲。[13] 尽管演讲的题目为《奈端力学与非奈端力学》（奈端今译牛顿），其主要内容实际上是爱因斯坦的狭义相对论。

[11] 许崇清，再批判蔡孑民先生，213, 214。

[12] 同上。

[13] 李芳柏，奈端力学与非奈端力学，国立武昌高等师范学校数理学会杂志，1918 年 5 月 15 日，1: 23–29。

演讲人为该校物理学教授李芳柏。李芳柏（1890—1959）是广东潮州人，毕业于广州成城中学，并于 1910 年考取官费赴日本留学。他在东京物理学校主修物理和化学。东京物理学校创立于 1881 年，是日本 1907 年以前唯一一所教授西方科学的私立学校，主要负责培养日本的中学科学教师。本文开始所提到的桑木彧雄于 1907 年初发表的日本第一篇介绍相对论的文章，在稍加改动之后，即于当年发表在《东京物理学校杂志》上。[14] 桑木彧雄的文章，为该校师生及早了解爱因斯坦的相对论创造了极有利的条件。李芳柏在日本完成学业后，于 1917 年返回中国，受聘为武昌高等师范学校的物理教授，后来成为该校的理化系系主任。[15]

根据李芳柏的定义，非牛顿力学是“以电子论为基础”而创立的新动力学。他宣称，非牛顿力学至少在理论上正取代传统的牛顿力学，尽管后者在日常生活中仍不可或缺。他选此题目进行演讲的目的，就是想唤起中国人对非牛顿力学的研究兴趣。[16]

6 个月后，李芳柏在武昌高等师范学校的《数理学会杂志》上发表了其演讲的内容。讲稿分为 4 个部分，在序言中，他介绍了传统牛顿力学所面临的根本性挑战。他指出，牛顿力学的基本假设是“物质、时间和空间三者绝对存在不变”，但这一假设已受到了物理学新发现的严峻挑战。首先，“挽近因电子论之发达，物质变化，已成事实”，其次，“依各大学者研究之结果，时间空间二者又未必能绝对不变，于时乎谓奈端力学不能绝对成立”。[17]

在以下各节中，李芳柏说明了这些挑战的来源及其影响。第二节的标题为“电磁质量”，其中介绍了一个实验已经证明的事实：质量随速度而变化。自从 1897 年汤姆生（J. Thomson，1856—1940）发现电子以来，物理学家对这种亚原子粒子的性质进行了深入的研究。其中最重要也最有趣的一个问题是关于电子的质量。由于电子带电，它的周围存在着静电场。因此当电子运动时，该电子周围的整个静电场也随之运动。根据麦克斯韦电磁理论，运动的电场产生磁场。由电磁感应定律可知，这一感应磁场所产生的力总是与使电子加速运动的力的方向相反。因此，电子在运动时比静止时就显得质量

---

[14] Ota Chikai, ed., A Fifty-year History of The Tokyo School of Physics (in Japanese) (Tokyo: The Tokyo School of Physics, 1929), 224; Kenkichiro Koizumi, “The Emergence of Japan’s First Physicists: 1868—1900,” Historical Studies in the Physical Sciences 6 (1975): 39–40. 作者感谢杨舰博士帮助指出并找到以上文献。关于桑木彧雄的文章，见 Nisio, “The Transmission of Einstein’s Work to Japan,” 1 脚注 2。

[15] Ota, The Tokyo School of Physics, 224。人物传：李芳柏，见潮州市地方志编纂委员会，潮州市志，广州：广东人民出版社，1995, 1886；王郁之，武昌高等师范学校纪略，武汉文史资料，1986, 24: 8–9。根据我与日本东京的杨舰博士的通信，李芳柏在第一高等学校完成了预备课程，随后被分派到第三高等学校（1998 年 11 月 9 日杨舰博士来信）。

[16] 李芳柏，奈端力学与非奈端力学，23。

[17] 同上。

更大。在考夫曼（Walter Kaufmann，1871—1947）从事其电子实验的年代，物理学家们主张电子的质量有两种，一是真实质量，一是表观质量。真实质量指电子静止时的质量，而表观质量又称电磁质量，指电子运动时的质量。[18]

1881 年，汤姆生提出了一个理论，预示运动电荷的质量应取决于其速度，而且电磁质量应该随着速度的升高而增大。[19] 1901 年，考夫曼在实验中证实，电子的质量随速度增加而增大。亚伯拉罕（Max Abraham）于 1902 年提出一种电子理论，认为电子的全部质量均应为电磁质量，包括纵质量和横质量两个部分。[20] 虽然李芳柏引述了上述 3 位物理学家的贡献，但他认为只有考夫曼的实验才是电子质量随速度增加的关键证据。李芳柏重新排列了考夫曼 1901 年的实验数据，给出了电子的质量与速度的关系表（表 1）。由于牛顿力学的一个基本原则是质量与速度的变化无关，李因此得出结论说："该力学之不能成立为不可讳之事实。"[21]

表 1　李芳柏演讲稿中的表格

u 厘米/秒（cm/s）	e/m 电磁单位 C.G.S.
2.36×10^{10}	1.31×10^{7}
2.48×10^{10}	1.17×10^{7}
2.59×10^{10}	0.97×10^{7}
2.72×10^{10}	0.77×10^{7}
2.85×10^{10}	0.63×10^{7}

注：u 为电子速度，e 为电子电荷，m 为电子质量。

李芳柏将两个重要的问题——电子的可变质量与爱因斯坦的相对性原理——放在同一演讲中加以讨论，这件事很有意思。但从他的演讲来看，我们并不清楚，他是否意识到了这两项研究之间的重要联系。事实上，关于电

[18]本段内容摘引自 Henry A. Boorse and Lloyd Motz, "Walter Kaufmann (1871—1947)," in The World of the Atom, ed. Henry A Boorse and Lloyd Motz (New York: Basic Books, Inc., 1966), 502–506。

[19]J. J. Thomson, "On the Electric and Magnetic Effects Produced by the Motion of Electrified Bodies," The London, Edinburgh, and Dublin Philosophical Magazine and Journal of Science, 5th ser. 11, no. 68 (April 1881): 234。

[20]Stanley Goldberg, "Max Abraham," in DSB, 1: 24。

[21]李芳柏，奈端力学与非奈端力学，24。在李芳柏的讲稿中，横向质量 transverse mass 错写成了 transversal mass。有关考夫曼的数据，参见 W. Kaufmann, "Die magnetische und elektrische Ablenkabarkeit der Bequerelstrahlen und die scheinbare Mass der Elektronen," Nachrichten von der Koenigl. Gesellschaft der Wissenschaften zu Goetlingen, Mathematisch-physikalische Klass 2 (1901), 152。李芳柏的表中最后一行的 2.85×10^{10} cm/s 可能是一个印刷错误，应为考夫曼论文中的 2.83×10^{10} cm/s。在引用考夫曼的数据时，李芳柏还改变了表中的数据次序，将数据从小到大排列。

子质量与速度之关系的研究，是当时的实验物理学家和理论物理学家积极探讨的问题，该项研究也使狭义相对论受到了更多的关注。[22]

爱因斯坦在他 1905 年论文的最后一节，将其新相对论应用于“缓慢加速的电子”，推导出其纵向质量和横向质量。[23] 同年晚些时候，考夫曼将他的实验结果与 3 位理论物理学家——洛伦兹（Hendrik A. Lorentz）、爱因斯坦和亚伯拉罕——的理论预测结果进行比较，得出结论说，他对电子质量的测量结果“明确地”否决了洛伦兹和爱因斯坦的理论，而是支持亚伯拉罕的理论。[24] 普朗克很快对考夫曼的结论提出质疑，[25] 进一步的实验最终证实考夫曼的结论是错误的。不过，考夫曼的论文第一个引用了爱因斯坦于 1905 年发表的相对论论文。[26]

在介绍了关于电子质量可变的新实验证据后，李芳柏将其注意力转向一些新的理论发现。其演讲的第三节“相对原理”，是整个演讲中最长也是最重要的部分。在这一节中，李芳柏先介绍了洛伦兹著名的收缩假设，即“一切物体对于 Ether［以太］为绝对运动时，物体于其运动之方向以对于其速度之定比而短缩”。[27] 李认为，这种收缩的后果是，“为几何学所论之绝对形状及大小等，吾人未由而知之”，因为用于测量运动系统中长度的标尺以及被测量的物体都按同样的比例收缩。所测得的结果，仅仅是该系统中的物体与我们所用的标尺相比所得出的相对形状和尺寸。既然我们不知道任何绝对的几何形状和尺寸，也就无从了解绝对的空间。

李芳柏随后讨论了洛伦兹在寻找真时间即绝对时间时所遇到的困难。他认为，如果不能测量绝对空间，也就不能测量牛顿力学中的绝对时间。为了测量绝对时间，必须有精确的钟表，并且知道该钟表相对于以太的运动速

[22]但是，某些物理教科书声称有关这一课题的研究提供了“相对论的第一个实验证明”则是夸大其词。参见 Tetu Hirosige, “The Ether Problem, the Mechanistic Worldview, and the Origins of the Theory of Relativity,” Historical Studies in the Physical Sciences 7 (1976): 75–76。

[23]Albert Einstein, “On the Electrodynamics of Moving Bodies,” in Albert Einstein et al., The Principle of Relativity (New York: Dover Publications, Inc., 1952), 61–65.

[24]Walter Kaufmann, “Über die Konstitution des Elektrons,” Sietzb. Preuss. Akad. Wiss. (1905), 945–56; 引自 Tetu Hirosige, “The Ether Problem, the Mechanistic Worldview, and the Origins of the Theory of Relativity,” Historical Studies in the Physical Sciences 7 (1976): 75。李芳柏没有提到考夫曼 1905 年的论文。他是否知道这篇论文，尚不清楚。

[25]Max Planck, [a] “Das Prinzip der Relativität und die Grundgleichungen der Mechanik,” Verh. d. Deutsch. Phys. Ges., 8(1906), 136–141; Physikalische Abhandlungen und Vortrage, 2, 115–120。[b] “Die Kaufmannschen Messungen der Ablenkbarkeit der β-Strahlen in ihrer Bedeutung für die Dynamik der Electronen,” Phys. Zeits., 7(1906) 753–761; Phys. Abhandlungen und Vortraege, 2, 121–135. 引自 Hirosige, “The Ether Problem,” 75。

[26]Hirosige, “The Ether Problem,” 74。

[27]李芳柏的陈述似乎是以洛伦兹 1904 年的论文为基础的。参见李芳柏，奈端力学与非奈端力学，25; 以及 Einstein et al., The Principle of Relativity, 11–34。

度。[28] 一般说来，时间的测量涉及处于不同空间位置的钟表。为了确认位于不同位置的钟表走时准确或者说同步，就必须想办法对钟。李芳柏相信，校对处于不同位置的两座钟的唯一方法，是在两地间交换光信号，并测量光信号在其间传送所需的时间。但是这要求两座钟相对于以太都处于静止状态，以便使光信号在两点间来回传送的时间相等。如果这两座钟相对于以太并非静止，就不能用这一方法使它们绝对同步，因为光沿着不同方向传送所需的时间不同。例如，假设观察者 A 和观察者 B 沿着从 A 到 B 的方向作匀速运动，光信号从 A 传到 B 所需的时间就比从 B 传到 A 所需的时间要长。“A、B 二观测者既不知其自己对于 Ether 为若何之运动，而吾人亦未有方法以决定 A、B 对于光果为若何之运动，则除此之外，更无第二之整理法。特其所得之结果，两方之时表不能表真时，而所表者仅为关于其位置之时已耳。此种时 Lorentz 称为局部时 Ortzeit。”[29] 李芳柏紧接着指出：

> Lorentz 欲以此局部时及运动物体短缩说完成其电子论而有所不能。于是一九〇五年 Einstein 乃与 Lorentz 异其假定，以相对观念为基础，提出次述之原理，而导得同上之结果。此原理即所谓 Einstein 之相对原理（Principle of Relativity）。有二部分：（1）支配一静止系之物理学现象之法则全适用于与是相对而以等速度进行之运动系；（2）光之速度全与光源及观测者之运动无关系，其值常一定不变。[30]

随后，李演示了长度收缩和时间延缓——这两个相对论的惊人而又似非而是的结果——是怎样根据以上的基本假设用数学方法推导出来的。[31] 假设光速为 v，两系统之间相对速度为 u，李芳柏将推导的结果总结如下：

（1）由静止系判断之，则在运动系之时间长，即在运动系之一秒比在静止系之一秒长。更详言之，运动系之一秒与静止系之 $1/\sqrt{1-\left(\frac{u}{v}\right)^2}$ 秒相当。

（2）由静止系判定之，则在运动系之运动方向之长短缩，即在运动系之一厘比在静止系之一厘短。更详言之，在运动系之运动方向一厘之长与静止系之 $\sqrt{1-\left(\frac{u}{v}\right)^2}$ 厘相当。[32]

---

[28]在 1910 年以前，物理学家一般都接受以太的概念，并认为它是“一个绝对参照系，而光相对于它运动的速度是可以确定的”。参见 Tetu Hirosige, “A Consideration Concerning the Origins of the Theory of Relativity,” Japanese Studies in the History of Science，4(1965): 120; “aether” in W. F. Bynum, E.J. Browne, and Roy Porter, eds., Dictionary of The History of Science, 1984 重印本 (Princeton. N.J.: Princeton University Press, 1981), 8。

[29]李芳柏，奈端力学与非奈端力学，25。

[30]同上，25–26。引文中提到的“同上之结果”可能包括“局部时”和“洛伦兹短缩”。

[31]同上，26–28。

[32]同上，28。

值得注意的是，在这一节中，李芳柏所用的示意图、数学推导以及对结果的解释，与美国物理化学家刘易斯（Gilbert N. Lewis）和陶尔曼（Richard C. Tolman）1909 年的论文中的相关内容几乎完全相同。[33] 刘易斯与陶尔曼的论文最初于 1908 年 12 月的美国物理学会会议上宣读，它实际上也是美国第一篇介绍狭义相对论的论文。该文的有关内容后来又收入陶尔曼于 1917 年编写出版的《运动的相对性理论》（*The Theory of the Relativity of Motion*）一书。[34] 因此，李芳柏对相对论的介绍很可能参考了这两位美国科学家的著作。如此，那篇将狭义相对论介绍到美国的论文，十年后又帮助相对论传入了中国。

最后，李芳柏在结论部分提出：

> 如前二节所述，质量非绝对不变，而依相对原理以论空间及时间，其值亦各因观测者之静止与运动而异。然则奈端力学中，关于运动之三基础法则，亦应无完全能成立之理。[35]

为了详细论述这一点，并阐明非奈端力学（非牛顿力学）的独特之处，李芳柏随后详细讨论了电子论和相对性原理如何向牛顿力学三大定律中的每一项都提出挑战。[36]

用李芳柏的话来说，牛顿第一运动定律可读作："物体不受外力之作用，则物体常保持其静止或沿直线为等速运动之状态。"他认为，这一定律仍然适用于非牛顿力学。"第由相对原理言之，则该法则之所谓静止及运动，皆非绝对之观念。且质量既非绝对不变，则与此法则成一系之'质量不生不灭'之原理，于非奈端力学无取焉。"[37]

李芳柏认为，牛顿第二运动定律规定，"运动量之变化与力积为比例，其方向与力之方向一致"。他认为，牛顿第二定律的以上表述，等价于"运动量变化之率与力为比例"，也就是"加速度与力为比例"。然而，根据电子论和相对性原理，物体的速度越大，其惯性质量越大，它所获得的加速度反而减小。结果，物体现有的速度越大，同一力产生的加速度越小。李芳柏断定"故在非奈端力学，本法则完全不能成立"。[38]

---

[33] Gilbert N. Lewis and Richard C. Tolman, "The Principle of Relativity, and Non-Newtonian Mechanics," The London, Edinburgh, and Dublin Philosophical Magazine and Journal of Science 18 (May 11, 1909): 510–523. 我所提到的数学推导见该文 512–515 页。

[34] Stanley Goldberg, Understanding Relativity: Origin and Impact of a Scientific Revolution (Boston: Birkhaeuser, 1984), 255. Richard C. Tolman, The Theory of the Relativity of Motion (Berkeley, CA: University of California Press, 1917).

[35] 李芳柏，奈端力学与非奈端力学，28。

[36] 同上。

[37] 同上。

[38] 同上，28–29。

李芳柏的上述观点并不准确。在狭义相对论力学中，力仍可定义为动量变化的速率，这与在经典力学中相同，即

$$F=\frac{\mathrm{d}(mu)}{\mathrm{d}t}。$$ [39]

与经典力学所不同的是，在相对论力学中，质量与速度有关：

$$m=\frac{m_0}{\sqrt{1-\left(\frac{u}{c}\right)^2}}。$$

因此，力的定义不能写作以下的形式：

$$F=ma。$$

因此，加速度并不像李芳柏在其推理中所说的那样，与所施加的力成比例。[40] 不过，李芳柏的结论在下列意义上是正确的，即相对论中的力和加速度一般并非是牛顿第二定律所规定的平行向量。值得主意的是，相对论性动力学的基础是动量和能量，而不是力。[41]

根据牛顿第三运动定律，“两个物体间的相互作用总是相等的，而且指向相反”。[42] 李芳柏在此作了很长的引述：

> 此法则只足以说明普通一般物体之运动。若欲以之支配电子与电子间之现象，则未见其可也。夫一电子之运动也，其周围之Ether［以太］受其影响，以光之速度为速度，向各方面传播电磁波。此电磁波达于静止之电子时，其电子始因之而运动。Ether［以太］之运动状态，吾人未有以知之也，则电子与电子间之作用与反作用，更何从而知其相等乎。且本法则之所谓作用与反作用者，同时并生之现象也。今纵假设已知 Ether［以太］之状态，

[39]此定义由爱因斯坦给出，见于其文章 “Das Relativitätsprinzip und die aus demselben gezogenen Folgerungen,” Jahrbuch der Radioaktivität 4, 411(1907)。刘易斯在其论文中首次使用了这一定义，见于 “A Revision of the Fundamental Laws of Matter and Energy,” Phil. Mag. 16, 705(1908)。陶尔曼认为，由该定义，可以从麦克斯韦电磁方程组导出洛伦兹力方程，因而进一步佐证了该定义的正确性。参见陶尔曼的文章 “Note on the Derivation from the Principle of Relativity of the Fifth Fundamental Equation of the Maxwell-Lorentz Theory,” Phil. Mag. 21, 296(1911)。转引自 Max Jammer, Concepts of Force: A Study in the Foundations of Dynamics (Cambridge, Mass.: Harvard University Press, 1957), 255, 脚注。

[40]Max Jammer, Concepts of Force: A Study in the Foundations of Dynamics (Cambridge, Mass.: Harvard University Press, 1957), 254–255.

[41]A. P. French, Special Relativity, The M.I.T. Introductory Physics Series (New York: W. W. Norton & Company, 1968), 215, 217, 224.

[42]Isaac Newton, The Principa, trans. Andrew Motte, Great Minds Series (Amherst, New York: Prometheus Books, 1995), 19.

> 彼 Ether [以太] 者复能以其传播之全储能供给第二电子，使其反作用与第一电子之作用相等，亦无以解其作用与反作用同时并生之说。盖电磁波之速度有限，第二电子既因电磁波之波及而始运动，则反作用非比作用迟若干时间而后发生不可。抑电子所发射之电磁波，储能 Energy 也，谓储能呈作用与反作用乎，于奈端力学为无意义。故奈端之第三运动法则无绝对成立之理，可断言也。[43]

李芳柏正确地指出，牛顿第三定律适用性有限。牛顿关于作用力与反作用力相等的主张在相对论性力学里几无容身之地。[44]他准确地认定，同时性的相对性，是相对论性力学否定牛顿第三定律的关键原因。他用以太概念所作的论述，虽然现在看起来是不正确的，但表明了他当时对问题的理解。

在结束演讲时，李芳柏告诉他的听众，牛顿力学的价值不如从前了："奈端力学之三基本量（质量、空间和时间）既俱非绝对不变，而其三基础法则又复不能绝对完全成立，则所谓奈端力学者，其价值如何可不待辞费而知之矣。"然而，他坚持认为牛顿力学不可完全抛弃。虽然在理论上，"非奈端力学固比奈端力学完全，若对于一般自然现象之说明，则后者简而明，非前者之所可企及也。故虽有非奈端力学，而奈端力学又未可尽非也"。[45]

2.1 许、李二人的相对论介绍比较

李芳柏作演讲的时间虽比许崇清发表文章的时间晚两个月，但前者所作的介绍实际上更为重要。首先，李芳柏的演讲是专门为介绍非奈端力学而作，其主要内容就是爱因斯坦的狭义相对论。许崇清的文章则仅仅将相对论作为其哲学争论中的一个次要的论据而提出。其次，李芳柏面向的是中国听众，而许崇清在《学艺》上的文章首先发表于日本。[46] 第三，李芳柏的听众大多是未来的中学教师。教师对一种理论的接受格外重要，因为"他们[教师]可以对什么是下一代科学家所公认的知识产生重要的影响"，从而左右一种理论的接受与否。[47] 此外，李芳柏广泛地介绍了物理学的新概念和新内容，例如电磁质量、电子质量与其运动速度的相关性、洛伦兹的真时间和局部时、爱因斯坦的狭义相对论及其两个基本假设，以及长度和时间的相对性。许崇清的文章在这方面与之无法相比。因此，李芳柏的介绍在广度、深度和有效性方面，都远远胜出。

---

[43] 李芳柏，奈端力学与非奈端力学，29。

[44] French, Special Relativity, 224。

[45] 李芳柏，奈端力学与非奈端力学，29。

[46] 直到 1920 年春，《学艺》才在上海由商务印书馆出版。参见中华学艺社沿革小史，1。

[47] Stephen G. Brush, "Why was Relativity Accepted?" Physics in Perspective 1, no. 2 (1999): 198.

李芳柏曾希望他的演讲能帮助中国科学界兴起对爱因斯坦的相对论以及非奈端力学（非牛顿力学）其他内容的研究。[48] 然而事实上，许崇清的文章和李芳柏的演讲都未能对中国学术界产生立竿见影的影响。在 1920 年以前，除了上述许崇清和李芳柏的工作以外，实际上并无任何与爱因斯坦或其理论有关的学术研究著作在中国出版（图 1）。然而到了 1922 年底，爱因斯坦的相对论却已在中国广为传播。为了了解这一戏剧性变化发生的原因，我们必须先仔细考察 1919—1922 年知识思想界更为广泛的发展。这些发展帮助激发了中国知识分子对爱因斯坦相对论的强烈兴趣，并为这一理论在中国的传播创造了良好的环境。

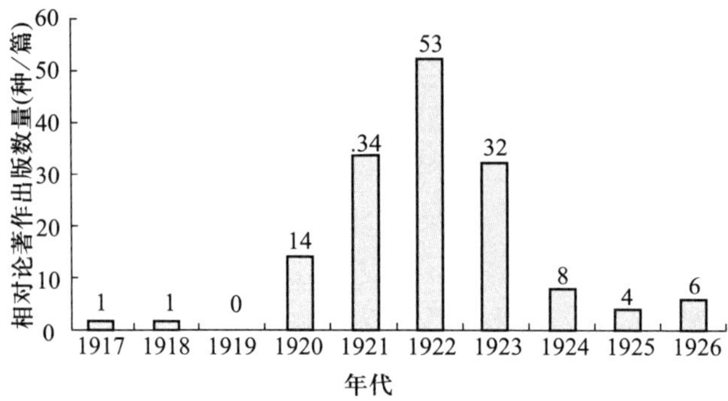

图 1　1917—1926 年出版的中文相对论著作的数量 *

* 由于所查中文文献有限，笔者的统计一定会有遗漏。因此，此图以及图 2、图 3 所反映的更主要是一种趋势，而非具体的数量。所说的相对论著作，包括讨论和介绍相对论及其作者爱因斯坦的书籍、文章、演讲稿、剧本等各种出版物。

3.“五四运动”的影响

这一时期内的第一个重要事件就是“五四运动”。“五四运动”虽得名于 1919 年 5 月 4 日发生在北京的学生示威游行，但实际上它反映了 1917—1921 年复杂的历史现象。毫无疑问，它是中国历史上最重要的思想文化运动之一。人们经常用“新思潮”、“新文化运动”之类的词汇描述“五四运动”时期的发展。参与“五四运动”的学生和新派知识分子希望推行“大规模的现代化运动，通过思想和社会的变革来建造一个新中国。他们强调的主要是西方的科学和民主思想”。结果，儒学和传统道德的权威受到了根本性和毁灭性的打击，而西方新思想，包括科学思想、社会思想和政治思想，都受到了

[48] 李芳柏，奈端力学与非奈端力学，23。

推崇。[49]

“五四运动”帮助创造了鼓励引进西方思想的环境，并使中国知识分子对西方大量的科学进展有了更广泛的认识。对于爱因斯坦的相对论在中国的引进和传播来说，“五四运动”的影响尤其显著，特别是在 1919 年从伦敦传来轰动一时的有关相对论得到观察证实的消息，以及罗素（Bertrand Russell）等人的宣讲之后。

这期间对于西方思想的巨大热情，使得中国迅速涌现出一大批致力于研究和传播现代西方知识的新期刊和学术团体。中国的新闻出版界显然受到了“五四运动”的影响。1919 年 5 月以后，中国的出版业迅速发展，不仅出现了大量的新期刊、报纸、书籍和译著，而且还促使许多旧杂志和报纸进行了改革。例如，“中国最大的出版机构商务印书馆在 1912 年出版了 407 种书，1915 年出版 552 种，1919 年出版 602 种，可是在 1920 年却出版了多达 1284 种”。1920—1923 年，商务印书馆是出版介绍爱因斯坦及其相对论中文读物最多的出版社。中国出版业的迅速扩张，还可以从进口纸张数量的剧增中得到进一步的证明。当时中国的新兴出版物几乎都是用这些进口纸张印刷的。1918—1921 年，中国纸张进口量增加了一倍多。[50]

人们对新社团组织的热忱与对新出版物的兴趣一样强烈，并在中国各地的城市中体现出来。出于各种政治、教育、文化、社会和科学的目的，中国学生和知识分子建立了许多新的社团，其中最活跃的有罗素学会、讲学社、尚志学会和少年中国学会。[51] 讲学社不仅邀请并赞助了杜威（John Dewey）和罗素来华长期讲学，还支持了邀请爱因斯坦于 1922 年访华的计划。尚志学会和少年中国学会都赞助出版了有关爱因斯坦及其相对论的著作。

4. 作为科学革命者的爱因斯坦

另一件帮助激起中国人对相对论的兴趣的事，就是爱丁顿（A. S. Eddington）那轰动世界的天文观测，他的观测证实了爱因斯坦关于光线受引力作用而发生弯曲的预言。1919 年 5 月，两支英国远征队测量了日全食期间光线的弯曲，有关结果于 11 月 6 日在伦敦举行的皇家学会和皇家天文学会联合会议上正式公布。结果证实了爱因斯坦根据其广义相对论所做出的预言。皇家学会主席汤姆生爵士宣布：“这是自牛顿时代以来与引力理论有关的最重

[49]Tse-tsung Chow, The May Fourth Movement: Intellectual Revolution in Modern China (Cambridge, Mass.: Harvard University Press, 1960), 1, 2, 5–6.（该书有中文版，周策纵，五四运动史，长沙：岳麓书社，1999。）

[50]同上，176–182。

[51]同上，187–188。

要的成果 …… 这一成果是人类思想的最高成就之一。”[52] 伦敦的《泰晤士报》(*Times*) 称之为“科学上的革命”。爱因斯坦一夜之间成为西方世界的英雄人物。3 个月后，中国第一次报道了相对论取得巨大成功的消息，并预测，“物理学数学上皆将 [因此] 大兴革命也”。[53] 从此，爱因斯坦便以科学界的革命者开始在中国扬名。

爱因斯坦理论的革命性特征无疑引起了“五四”时期中国左翼知识分子的注意，这也是许多中国人对其理论感兴趣的又一原因。尽管爱因斯坦本人从不认为相对论（包括狭义和广义理论）真正达到了他心目中革命的标准，但他的理论的确摧毁了“牛顿世界观的旧体制”，给时间、空间和物质的基本概念带来了革命性的变化。[54] 由于认识到爱因斯坦工作的革命性质，普朗克怀着巨大的敬意，将其与哥白尼的《天体运行论》相比拟。[55]

左翼中国知识分子迅速地接受了普朗克的革命性说词，为爱因斯坦带来的重大变革而欢呼。1920 年 3 月，张崧年[56]（1893—1986）在《少年世界》月刊上发表文章《科学里的一革命》。[57] 在文章的开头，张崧年就称爱因斯坦的相对论为“一种革命的物理新说”。张崧年是中国共产党早期创始人之一，肄业于北京大学，后成为李大钊的同事。李大钊是北大图书馆馆长和中国共产党的创始人之一。正是张崧年介绍周恩来（1898—1976）加入了共产党，后来周恩来成为世界闻名的中华人民共和国总理。

在 20 世纪 20 年代初期，身为“五四运动”学生领袖和中共新党员的周恩来，也对爱因斯坦及其相对论所引发的科学革命留下了深刻的印象。为了反驳当时一些留法中国学生将共产主义比作宗教迷信的批评，周恩来于 1922 年 8 月发表了一篇文章，题为《宗教精神与共产主义》。周为了捍卫共产主义，在文中将爱因斯坦相对论导致的科学革命与马克思主义者主张的政治和

---

[52] J. J. Thomson, “Address of the President, Sir J. J. Thomson, O. M. at the Anniversary Meeting, December 1, 1919,” Proceedings of The Royal Society of London Series A, Containing Papers of A Mathematical and Physical Character 96 (February 1920): 315–318. 引自 A. Pais, “Subtle Is the Lord ···”: The Science and the Life of Albert Einstein (Oxford: Oxford University Press, 1982), 305。

[53] W，光线能被重力吸引之新说，东方杂志，1920 年 2 月 10 日，17(3): 73–74。

[54] Martin J. Klein, “Einstein on Scientific Revolutions,” Vistas in Astronomy 17 (1975): 113–120. 对爱因斯坦来说，一个真正革命性的物理理论应当能够“为物理学提供新的统一基础”，而在他看来，他所创立的相对论和他参与创立的量子力学都未能实现“这一伟大目标”（Klein，120）。

[55] John L. Heilbron, The Dilemmas of an Upright Man (Berkeley, CA: University of California Press, 1986), 31.

[56] 即张申府。张于 1917 年肄业于北京大学，是中国最早的罗素崇拜者之一。在 20 世纪 20 年代早期，他深深地仰慕着“犹太三杰”：马克思、弗洛伊德和爱因斯坦。据说，张崧年曾于 1922 年翻译过一本爱因斯坦所著的相对论书籍，但并未出版。（张申府，所忆——张申府忆旧文选，北京：中国文史出版社，1993, 28, 30。）有兴趣了解张崧年生平的读者，可参阅舒衡哲，张申府访谈录，北京：北京图书馆出版社，2001；以及刘钝，革命、科学与情爱，科学文化评论，2004, 1 (4): 107–125。

[57] 张崧年，科学里的一革命，少年世界，1920, 1(3): 1–6。

社会革命相比拟，把物理学家相信爱因斯坦理论与共产主义者信奉马克思主义相比拟，并将科学家应用相对论的热情与共产主义者将马克思主义运用于社会实践的热忱相比拟。此文清楚地表明了周恩来对爱因斯坦及其相对论的仰慕和认同。[58]

值得注意的是，大约就在此时，苏联的马克思主义哲学家开始了对爱因斯坦相对论的攻击，宣判这一理论“本质上是反动的，为反革命思想提供支持”，并且是“腐朽资产阶级的产物”。[59] 周恩来在 1921 年春已在巴黎正式加入了那里的中国共产主义小组，[60] 但他 1922 年对爱因斯坦和相对论的认识显然与当时莫斯科的正统马克思主义哲学家不同。不过，我们并不清楚周恩来当时是否知道苏联对相对论的批评；也不清楚如果他知道的话，是何时知道的，以及他对该马克思主义批判的反应。

罗素的言论也促使中国知识分子将爱因斯坦视为科学界的革命者，并将其与社会政治领域的革命领袖列宁相比拟。在 1920—1921 年访华期间，罗素在他被广泛报道的旅行讲学中，常常称赞列宁和爱因斯坦是世界上两位最伟大的人物。鉴于 20 世纪 20 年代初期罗素在中国的巨大声望，中国知识分子大多把他的话当真，因此很自然地也将列宁和爱因斯坦并称为“思想界的革命家”。列宁的思想当时仍在试验中，其命运尚不可知；爱因斯坦的相对论则不仅由数学推导得出，而且还为天文观测所证实。有些中国人因此觉得，爱因斯坦“在科学界的革命，完全成功了”。[61]

5. 罗素在中国的演讲

罗素于 1920 年 10 月至 1921 年 7 月在中国游历，他的来访在中国激起了第一波“爱因斯坦热”。罗素此行是应北京大学之邀并由讲学社赞助，他于 10 月 12 日抵达上海，随即与中国学界和新闻界人士会面，并开始发表演讲。10 月 21 日，罗素访问南京，应中国科学社之邀作题为《爱因斯坦引力新说》

---

[58]刘焱编，宗教精神与共产主义（1922 年 8 月），周恩来早期文集，天津：南开大学出版社，1993, 383–388。另参见 Edward Friedman, “Einstein and Mao: Metaphors of Revolution,” The China Quarterly, no. 93 (March 1983): 51, n.2. 作者特别感谢许良英先生首先提供了上述周恩来文章的线索。

[59]The New York Times，November 16, 1922. 引自 Abraham Pais, Einstein Lived Here (Oxford: Clarendon Press, 1994), 159。还可参考 Maxim William Mikulak, “Relativity Theory and Soviet Communist Philosophy (1922—1960)” (Ph. D. dissertation, Columbia University, 1965), Chapter Two, especially 124–128。

[60]中共中央文献研究室编，周恩来年谱，1898—1949，修订本，北京：中央文献出版社，1998, 48。

[61]爱因斯坦，通俗相对论大意，费祥译，上海：商务印书馆，1947, 1; 心南（郑贞文），爱因斯坦和科学的精神，东方杂志，1922 年 12 月 25 日，19(24): 4。

的演讲。接下来他应邀到杭州和长沙演讲，随后前往北京。10 月 31 日，罗素抵达北京，在以后的 8 个月中他大都居住于此。[62]

从 1920 年 11 月至 1921 年 3 月，罗素在北京作了以下五大系列演讲：《哲学问题》、《心之分析》、《物的分析》、《数学逻辑》和《社会结构学》。中国知识分子曾急切地等待聆听他的演讲。的确，当第一场演讲于 11 月 7 日星期天举行时，约有 1500 名听众到场，对于一场哲学演讲来说，这个人数非常之多。[63] 罗素在他于北京举行的第一场演讲里，再次谈到了相对论，以阐述他对于“物质是什么”这一问题的看法。他强调说，人们必须从现代物理学、数学和逻辑学的观点来理解具体世界。[64]

在他的第三个演讲系列《物的分析》中，罗素更详细和系统地介绍了相对论。这一组演讲于 1921 年 1 月 11 日至 2 月 22 日间分 6 次举行。这期间，罗素每星期二傍晚都到北京大学演讲两小时。[65] 在头 5 次演讲中，罗素介绍了狭义相对论和广义相对论更多的细节，尤其是分离律（包括类时和类空）、迈克耳逊–莫雷实验以及狭义相对论中的洛伦兹变换。在最后一场演讲中，他讨论了相对论在哲学上的重要意义。[66]

罗素演讲《物的分析》，其目的并非是向听众介绍相对论的物理内容，而是要昭示此理论背后丰富的哲学含义。他试图使中国听众相信，由于爱因斯坦的相对论，哲学家们有必要根据新的时空概念重新解释物理世界，并以“事件”来替代“物质”的概念。[67]

罗素的演讲对中国的知识分子产生重要的影响，这其中有多重原因。首先，罗素作为一位“渊博的学者、激进的思想家和为民请命的耿介之士”的声望，甚至在他应邀访华之前，就已为中国知识分子所熟悉。1919 年至 1920 年年初，张崧年和其他人发表了一些文章，介绍罗素和他的十多部著作。这些文章多发表于《新青年》、《新潮》和《东方杂志》等当时深受“五四”知识分子和大众喜爱的杂志上。[68] 罗素在中国的名声还因杜威的赞誉而更加显赫。美国著名实用主义哲学家杜威，曾于 1919—1921 年在中国旅居讲学。

---

[62] 冯崇义，罗素与中国：西方思想在中国的一次经历，北京：生活 · 读书 · 新知三联书店，1994, 107–110。

[63] Ronald W. Clark, The Life of Bertrand Russell (London:Jonathan Cape and Weidenfeld & Nicolson, 1975), 389.

[64] 冯崇义，罗素与中国，118–119。

[65] 罗素，罗素五大演讲：物质分析，北京：北京大学新潮书社，1921, 1。该书是姚文林的听讲笔记。另外也可参见任鸿隽，赵元任，物质分析，科学，1921, 2(2): 139–153; 1921, 2(4): 341–350; 1921, 2(5): 447–454; 1921, 2(6): 549–560。

[66] 罗素，罗素五大演讲，见冯崇义，罗素与中国，129–130。

[67] 冯崇义，罗素与中国，130。罗素在演讲中所用的英文词 event，旧译为“事情”，现通译为“事件”。

[68] 同上，93–95 及有关脚注。

杜威于 20 世纪 20 年代初将罗素作为现代"世界三大哲学家"之一介绍给国人。[69] 由于杜威本人在当代中国知识分子中所享有的威望，他的话自然很有分量。其次，由于罗素的巨大声望，他在中国有众多的听众。第三，罗素的演讲很快就被翻译发表，并广为流传。第四，罗素系列演讲的主旨是，哲学问题必须借助于现代科学和现代科学方法来探讨，而这一主旨恰与"五四"期间中国知识分子崇尚科学的思想不谋而合。[70]

罗素的演讲，对于爱因斯坦相对论在中国的传播，有着特别重要的影响。如图 2 所示，在罗素演讲《物的分析》后的 4 个月里，发表在各种中文报刊上的相对论文章明显增多。尽管在罗素访华之前已有几位中国学者发表了十多篇关于相对论的文章，但一般受过教育的中国人，只是在罗素演讲之后，才听说了爱因斯坦和相对论。[71] 留日物理学家文元模甚至声称，在罗素来华讲演后，中国已"无人不知道这相对论的名词"。[72]

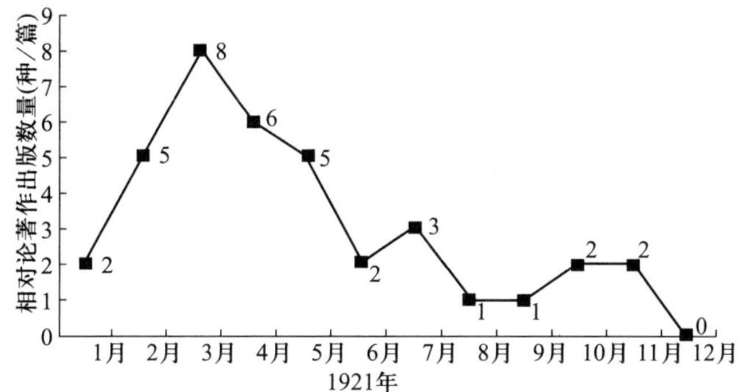

图 2 1921 年各月出版的中文相对论著作的数量（罗素的《物的分析》演讲于 1921 年 1 月 11 日至 2 月 22 日在北大举行）

罗素能在传播爱因斯坦相对论的过程中扮演如此关键的角色，并不出人意料。早在 1913 年秋，罗素就已听说了相对论。[73] 到 1919 年春，他已熟读爱因斯坦的狭义相对论和广义相对论的论文。当年 5 月，爱丁顿和其他人试图通过天文观测来证实广义相对论，罗素对他们的工作有着强烈的兴趣。在他的朋友、剑桥的数学家李特尔伍德（John E. Littlewood）的帮助下，罗素

[69] 冯崇义，罗素与中国，95, 97。民国日报，1920 年 3 月 22–27 日。另外两大哲学家为詹姆士（William James）和柏格森（Henri Bergson）。

[70] 经常有人将罗素的演讲记录下来，并争相发表。例如，罗素的演讲《物的分析》，在 1921 年就至少有 3 种不同版本的笔记出版。关于罗素系列演讲的主旨，参见冯崇义，罗素与中国，117。

[71] 周昌寿，相对性原理概观，东方杂志，1922 年 12 月 25 日，19(24): 8。

[72] B. Harrow, 从牛顿到爱因斯坦，文元模译，上海：商务印书馆，1923 年 1 月，3。

[73] Bertrand Russell, Essays on Language, Mind and Matter 1919–1926, ed. John Passmore (Australian National University), vol. 9, The Collected Papers of Bertrand Russell (London: Unwin Hyman, 1983), xvii。

在 11 月正式公布之前就已经知道了可能的观测结果。这一特殊安排为罗素撰写他的第一篇关于相对论的文章作了准备，该文发表于光线弯曲的观测结果正式宣布后的第 9 天。[74]

罗素自告奋勇地向大众讲解相对论，是因为他想唤起人们对新物理学理论的注意。他也“具备一种罕见的天才，即能简单明了地说明抽象深奥的问题”。[75] 在 20 世纪 20 年代，爱因斯坦的相对论受到各种各样的误解。正是由于清楚地意识到了这种情况，罗素才用他阐释复杂问题的才能来澄清各种误解。在访华之前，他已发表了两篇关于相对论的文章。他的第 3 篇文章于 1922 年 10 月发表在日本的《改造》杂志上，该文“极易为普通读者所理解”。[76] 在 20 世纪 20 年代，罗素对相对论准确而清晰的阐释受到了广泛的赞赏。例如，他的《相对论 ABC》(*The ABC of Relativity*，1925) 一书被认为“极具可读性，高度明晰”，“非常准确”，并且是“现有的最佳相对论普及读物”之一。[77] 1926 年，并非物理学家的罗素受邀为《大不列颠百科全书》(*Encyclopaedia Britannica*) 撰写有关相对论的词条，这是他在相对论阐释方面所做的工作获得公认的重要证明。[78]

然而，人们应当谨慎，不可高估了罗素在中国接受相对论过程中所起的作用。虽然罗素的演讲使爱因斯坦的名字和“相对论”一词在中国广为流传，但他的演讲既非缺乏数学物理知识的非专业人士所能轻易理解，也无助于物理学家研究相对论的物理内容。例如，罗素在演讲一开始就提到了“分离”的概念，而“分离”来自闵可夫斯基 (Hermann Minkowski, 1864—1909) 用四维几何对狭义相对论所做的数学形式化处理。由于没有先介绍同时性的相对性和洛伦兹变换，罗素对“分离”概念的讨论很可能把听众弄得一头雾水。正如当时在德国学习数学的中国留学生魏嗣銮所指出的，这“是未能学步而遂教以急走”。因此，“能了解者，必无几人”。[79] 而且，由于罗素的本意并非讲解相对论的物理内容，而是揭示其哲学含义，中国的物理学家也不可能从演讲中得到预期的教益。

---

[74] Bertrand Russell, Essays on Language, Mind and Matter 1919–1926, ed. John Passmore (Australian National University), vol. 9, The Collected Papers of Bertrand Russell (London: Unwin Hyman, 1983), xvii-xviii。李特尔伍德“与参与实验的物理学家爱丁顿说好，让他在初步数据研究一旦显示出可能的结果时就给他发电报。随后李特尔伍德致电罗素：‘爱因斯坦的理论被完全证实。预期偏转值为 1″72，观测结果 1″75 ± .06.’”。

[75] Russell, Essays, xviii.

[76] 同上，205。

[77] Herbert Dingle, “More Relativity,” Nature 117, no. 2956 (1926): 885–886.

[78] Russell, Essays, xix.

[79] 魏嗣銮，读国内相对论著述以后的批评，少年中国，1922 年 2 月 1 日，3(7): 51–52。

6. 爱因斯坦承诺访问北京

1922 年 11 月 13 日，爱因斯坦和夫人爱尔莎（Elsa）乘坐日本邮轮“北野丸”抵达上海，他们是从香港前往日本的途中来沪暂停。次日，《北京大学日刊》公布了一条激动人心的消息：世界知名的相对论之父爱因斯坦将“于新年来华”，预期他将在北京停留并在北大讲学至少两周。北大校长蔡元培专门撰文《安斯坦博士来华之准备》，简述了爱因斯坦接受其邀约的过程。[80]

1920 年秋，蔡元培通过袁希涛（字观澜）第一次向爱因斯坦发出邀请。袁希涛曾于 1915—1919 年任教育部次长，1920 年前后他游历了欧美十几个国家考察教育。1920 年夏，袁希涛在访德时与爱因斯坦相识。[81] 可能由于他注意到了 8 月 24 日在柏林举行的反相对论集会，以及随后关于爱因斯坦有意离开德国的新闻报道，袁希涛电告在国内的蔡元培，“安斯坦博士有离德意志意，或能来远东”，[82] 并询问北大是否愿意接待这位伟大的物理学家。蔡元培立刻复电“甚欢迎，惟条件如何？请函告。”[83] 袁希涛遂于 9 月 11 日向爱因斯坦转致了这一邀请，[84] 但爱因斯坦并未接受。在反相对论集会之后，爱因斯坦的确考虑过要离开德国，但这种想法只维持了“两天”。[85] 到 9 月初，爱因斯坦已经冷静下来，很清楚，他当时不会轻易离开柏林。正如爱因斯坦在 3 天前（9 月 8 日）致普鲁士文化部长亨尼施（Konrad Haenisch）的信中所写的那样，“在人际感情和科学研究上，柏林都是与我联系最密切的地方”。他进而宣布，只有当外部环境迫使他不得不如此时，他才会接受国外的聘约。[86]

1921 年春，蔡元培赴欧洲考察高等教育和学术研究机构，并邀请西方著名学者访华。他于 3 月 13 日抵达柏林，3 天后到爱因斯坦家中拜访。当时正

---

[80] 蔡元培，安斯坦博士来华之准备，北京大学日刊，1922 年 11 月 14 日，1107: 1–2。

[81] W. Y. Ting to A. Einstein, 11 September 1920, Albert Einstein Papers, 36–478. 此信由袁希涛的私人秘书 W. Y. Ting 为其代笔。W. Y. Ting 很可能就是丁文渊。丁文渊（1897—1957），号月波，江苏泰兴人，是著名地质学家丁文江的胞弟。1920 年同济医科毕业，德国法兰克福大学医学博士。后曾任中国驻德大使馆参事；两度担任同济大学校长，均因受该校师生反对而被迫辞职。（参见刘绍唐主编，民国人物小传，第四册，翁智远。屠听泉主编，同济大学史，第一卷，上海：同济大学出版社，1987, 16, 86。）

[82] 有关柏林反相对论大会的详情、爱因斯坦的回击、其同事的反应，参见 Martin J. Klein, Paul Ehrenfest, Volume 1: The Making of a Theoretical Physicist, Third ed. (Amsterdam:North-Holland, 1985), 320–323; 以及 Albrecht Fölsing, Albert Einstein: A Biography, trans. Ewald Osers (New York: Viking, 1997), 460–468. 有关 20 世纪 20 年代初爱因斯坦在德国的困境，参见 A. Pais, “Subtle Is the Lord...”: The Science and the Life of Albert Einstein (Oxford: Oxford University Press, 1982), 315–316, 526。有关袁蔡之间的通信，参见蔡元培，安斯坦博士来华之准备。

[83] 蔡元培，安斯坦博士来华之准备，1; Ting to Einstein, AEP, 36–478.

[84] Ting to Einstein, AEP, 36–478.

[85] Fölsing, Albert Einstein, 464.

[86] Christa Kirsten and Hans-Jürgen Treder, eds., Albert Einstein in Berlin, 1913–1933, 2 vols. (Berlin: Akadamie-Verlag, 1979), 1: 204; 英文译文引自 Pais, “Subtle Is thc Lord,” 316, 526。

在柏林师从爱因斯坦学习的北大物理教授夏元瑮陪同蔡元培与爱因斯坦会面，其间蔡元培再次表达了希望爱因斯坦能到中国讲学的真诚愿望。爱因斯坦对蔡元培说，他当年不能去亚洲，因为已经接受了美国学者的邀请访美，还要在美国为耶路撒冷的希伯来大学筹款。蔡元培仍不肯放弃希望，问爱因斯坦是否可能从美国前往中国。爱因斯坦拒绝了这个建议，强调说德国方面不希望他离开柏林太久。但他向蔡元培保证，他很愿意在近期内访华，并询问自己在中国应该用何种语言发表演讲。蔡元培回答说，他可以讲德文，然后由像夏元瑮这样的学者将德文译成中文。夏元瑮提议爱因斯坦也可用英文讲学，但爱因斯坦马上否决了这个建议，声称自己的英语太差。[87]

一年后，即 1922 年 3 月，中国驻德公使魏宸组电告蔡元培："日本政府拟请 Einstein 博士于秋间往东讲演，该博士愿同时往华讲演半月，问条件如何？希电复。" 1922 年 3 月 21 日，正在德国访问的北大教授朱家骅（1893—1963）从中国使馆方面听说了爱因斯坦的旅行计划后，立刻写信给爱因斯坦。朱家骅先前曾与爱因斯坦数次会面，可能是作为北大方面的代表，讨论爱因斯坦到北大讲学的事宜。朱家骅在信中解释说，魏公使刚来柏林不久，并不知道他们此前的几次谈话。他告诉爱因斯坦，"国立北京大学实期望您前往讲学一年"，因而对爱因斯坦向魏公使所说的"只能在北京驻留两周"表示困惑不解。他还对爱因斯坦计划先访日后访华表示非常失望。他提醒爱因斯坦，后者自己曾说过，在尽完访美之责后，在他的旅行计划里"中国应排在第一位"。在信中，朱家骅希望爱因斯坦"[最终]能得出结论认为，先访华是理所当然的"，并希望他能多待一段时间。[88] 四天后，爱因斯坦给朱家骅回信：

> 我感谢你本月二十一日的来信，同时也想趁此机会通知你我今年秋天计划到东亚旅行的有关情况，请你将此通知保密：也就是说，我不愿预先公布我的旅行计划，因为不然的话，别的地方再来约请，将使我难以应付。我现在还清楚地记得我们以前的谈话，当时所提出的访华日期与我的其他义务相冲突，而且所建议的酬金也不足以支付我的旅费，所以我只好暂时搁置访华一事。现在的情况却与以前不同。我已接受了访问日本的邀请，其所提供的报酬足够我在日本待四个星期，即在东京两星期，在日本的其他大学城两星期。因此，如果我也前往北京两星期，才合乎情

---

[87]蔡元培，安斯坦博士来华之准备，1–2。另参见蔡元培，蔡元培文集：日记（上）。见高平叔等编，蔡元培文集，第 13 卷，台北：锦绣出版，1995，491。在 1921 年 4 月 2 日至 5 月 30 日，爱因斯坦随同 Chaim Weizmann 首次访问美国，为计划中的耶路撒冷希伯来大学筹款（Pais, "Subtle Is the Lord," 526）。

[88]Zhu Jia-hua (Chu Chia-hua) to Einstein, March 21, 1922, AEP, 36–479. 在 1922 年 6 月 16 日的一封信中，蔡元培曾提到朱家骅是北京大学在德国的代表。参见高平叔，蔡元培论科学与技术，石家庄：河北科学技术出版社，1985，66。

理。我不知道日本人是否要求我先访日，后访华，但我自己已决定先去日本。因为我想，中国的冬天比日本的稍暖，而我访问中日两国的时间大约是从十一月中到一月初。我一点儿也不能理解，这两项访问的次序，究竟有什么关系。至于优先权，你们的邀请的确在先，但是日本人毕竟先提出了优越的条件（酬金二千英镑，以及我和太太的居住费），因而在一定意义上也有某种优先的权利。

我愉快地希望我们可以达成一个使双方都完全满意的协议，使我能目睹东亚文明的发源地。[89]

蔡元培一接到中国驻德公使的电报，即回电作了答复。回电于 4 月 8 日到达柏林，并立即由公使转交爱因斯坦。在他的回电中，蔡元培热情地欢迎爱因斯坦，承诺北大将担负他在北京期间的膳宿费用，并支付每月一千元的酬金。[90]

我们并不清楚，为什么蔡元培在得知爱因斯坦计划只在中国停留两星期后，还会在复电中开出按月计算的薪酬。可能他仍然希望爱因斯坦能在华多留一些日子，像杜威和罗素前两年访华讲学时那样。例如，杜威在中国住了一年多；罗素也签了一年的合同，但实际上在中国只生活了 9 个月。

三星期后，1922 年 5 月 3 日，爱因斯坦给在柏林的中国使馆回信说：

径复者：本年四月八日，准贵馆来函，内开各节，业经查悉。鄙人深愿于本年冬季至贵国北京大学宣讲，其时以两星期为限。关于脩金一层，本可遵照来函所开各条办理，惟近接美洲各大学来函，所开各款，为数均在贵国之上。若对于来函所开各款，不加修改，恐有不便之处。兹拟各款略加修改，开列于下，谨请鉴察为荷。

（一）一千华币改为一千美金。

[89]Einstein to Zhu Jia-hua，March 25, 1922, AEP, 36−481. 原北大教授顾孟余曾于 1922 年将此信译成中文，译文见高平叔，蔡元培论科学与技术，68−69。笔者认为顾教授的译文还不十分精确，而且当时的译文对现在的读者来说也嫌绕口和费解，故根据德文原件，并参考了顾氏译文，以现行文体重译之。

[90]The Chinese Legation in Berlin to Einstein, April 8, 1922, AEP, 36−482. 蔡元培致魏公使电报的中文版见高平叔，蔡元培论科学与技术，68。蔡元培电报的中文稿与爱因斯坦收到的德文电稿的内容略有出入。中文稿中“各校担任中国境内旅费”一句，在德文稿中未见。笔者在此选择引用了德文稿的内容，因为爱因斯坦实际得到的信息比蔡元培发出的信息更有意义，只有前者才可能影响爱因斯坦的决定。根据美国财政部长 1922 年 7 月 1 日所公布的数据，当时中国的 1 元相当于 0.5390 美元。[Robert Hunt Lyman. ed., The World Almanac and Book of Facts for 1923 (New York: The Press Publishing Co., 1923), 731.]

（二）东京至北京及北京至香港旅费，暨北京饭店开销，以上各项，均请按两人合计。

此次修改各条，实系不得已办法，务希谅解是幸。[91]

当蔡元培收到这封经中国使馆转来的信时，已经是 6 月下旬了。可是，由于当时北大财政拮据，蔡元培不能自行决定此事。借中华教育改进社于山东举行年会之机，蔡元培携爱因斯坦的函电前往赴会，其间与梁启超讨论了此事。据蔡元培说，梁启超“甚赞同”，承诺他领导的讲学社将“必任经费一部分”。[92] 在得到梁启超的赞助后，蔡元培于 6 月底电告中国驻德公使魏宸组：“条件照办，请代订定。”[93]

1922 年 7 月 22 日，魏宸组致信爱因斯坦，通知他北京大学“已愉快地接受了您（有关酬金）的要求，学校方面盼望在北京欢迎您”。[94] 两天后，爱因斯坦回信说：“拟于新年前后到北京。”蔡元培于 8 月份收到这一消息。[95]

来自中国的邀请，爱因斯坦至少还收到了另外两份。一份寄自爱因斯坦的相识、上海同济医工学校的内科学讲师斐司德（Maximilian Pfister）博士。[96] 另一份邀请则由斐司德的美国朋友罗勃生（C. H. Robertson）发出。[97] 这两封邀请信都有着特殊的意义。在得知爱因斯坦将访问日本后，斐司德和罗勃生都邀请爱因斯坦在上海发表一次或多次演讲，如有可能，还到中国其他城市讲学。斐司德还对爱因斯坦提出了一些特别的要求，这些将在后面详细讨论。罗勃生是中华基督教青年会全国委员会的秘书，[98] 负责讲演部科学处的事务。他的信见证了当时，特别是自 1920 年以来，中国各地对爱因斯坦相对论的强烈兴趣：

---

[91] Einstein to the Chinese Legation in Berlin, May 3, 1922, AEP, 36–484. 中译文见高平叔，蔡元培论科学与技术，69。

[92] Gao Pingshu, “Cai Yuanpei’s Contributions to China’s Science,” in Dainian Fan and Robert S. Cohen, eds., Chinese Studies in the History and Philosophy of Science and Technology, Boston Studies in the Philosophy of Science (Dordrecht/Boston: Kluwer Academic Publishers, 1996) 179: 404. 又见高平叔，蔡元培论科学与技术，69–70。

[93] 高平叔，蔡元培论科学与技术，70。

[94] The Chinese Legation in Berlin to Einstein, July 22, 1922, AEP, 36–487.

[95] Einstein to the Chinese Legation, July 24, 1922, AEP, 36–488, 36–489: “Ich denke, dass ich etwa um Neujahr in Peking sein kann.” 关于爱因斯坦此信的送达时间，见高平叔，蔡元培论科学与技术，70。

[96] M. Pfister to Einstein, July 1, 1922, AEP, 36–493。

[97] C. H. Robertson to Einstein, July 5, 1922, AEP, 36–497。

[98] 赵元任在他的自传里两次提到了罗勃生。根据赵元任的回忆，罗勃生能讲一口标准的中国官话，1909 年曾两次从天津到赵元任就读的南京市的一所学校发表演讲。1919–1920 年赵元任在康奈尔大学任物理教师时，罗勃生曾到物理实验室看望他。1920 年秋，赵元任成为罗素在华访问期间的翻译。见传记文学杂志社编，张源译，赵元任早年自传，台北：传记文学出版社，1984, 78, 124。

> 我们刚刚得知您计划于今秋访问东亚，这是一个令人欣喜的消息。我们许多在东方的人希望您知道，我们是多么衷心地欢迎您的到来。我在此也要表达我的心愿，您既来东亚，则一定要同意来中国访问相当的时间。想必您已经收到了许多中国团体的邀请，他们都对您的可能来访极为关切。我在此冒昧地［向您］探询，并希望促成此事。关于相对论，已有大量的中文文献在全国各地出版发表，特别是在最近两三年内，我发现在中国许多彼此相隔甚远的地方都对此议题有强烈的兴趣。事实上，我过去两年在中国各大城市旅行演讲，相对论是其中最受欢迎的题目之一。[99]

上海对相对论的兴趣似乎格外浓厚，以至于罗勃生希望爱因斯坦“在可容纳数千人的市府礼堂内”做一次演讲。[100]

6.1 爱因斯坦抵达上海

1922 年 11 月 13 日上午 10 点，爱因斯坦夫妇抵达中国最大的城市上海。在汇山码头，爱因斯坦受到德国总领事悌尔（Thiel）先生、斐司德夫妇、日本改造社代表和侨居上海的犹太人的欢迎。就是在这里，爱因斯坦收到了 3 天前刚宣布的他获得诺贝尔物理学奖的正式通知。尽管两天前他在船上就从收音机中听到了这一消息，但从瑞典驻上海总领事手中接到正式通知时，他仍然“表示欣喜之意”。[101]

进入上海市区后，爱因斯坦夫妇在著名的“一品香”餐馆用午餐，随后到“小世界”剧场欣赏中国传统戏剧艺术昆曲。之后他们还前往邑庙豫园一游。所有这些安排都是为了让爱因斯坦“领略我国烹调、戏剧与园林之胜也”。[102]

当晚，在当代著名书画家王一亭（1867—1938）的寓邸设宴，款待爱因斯坦夫妇。选择在王一亭家设宴，是因为其宅邸是典型的中国家庭寓所的代表，而且爱因斯坦还可在这里欣赏到许多中国名画。十几位中国、德国及日本的学者和知名人士参加了宴会。出席的中国人除了东道主王一亭外，还有

---

[99] Robertson to Einstein, July 5, 1922, AEP, 36–497.

[100] 同上。

[101] “Einstein Wins Nobel Prize, Entering Shanghai”. The China Press (大陆报), Shanghai, November 12, 1922; “Famous Physicist Visits Shanghai”. The China Press (大陆报), Shanghai, November 14, 1922; 恩斯坦博士过沪赴日。新闻报，1922 年 11 月 14 日，星期二，第 3 张；恩斯坦博士来沪西讯。民国日报，1922 年 11 月 15 日，星期三，第 3 张第 10 版。各报 14 日的报道中均未提到有中国人或组织前往码头迎接爱因斯坦，而且据报道，当日在上海接待爱因斯坦的活动日程是由日本人（改造社或日本俱乐部）安排的。

[102] 恩斯坦博士过沪之招待，民国日报，1922 年 11 月 14 日，星期二，第 3 张第 10 版。另见爱因斯坦旅行日记，1922 年 11 月 14 日，AEP, 29–131。

上海大学校长于右任（1879—1964）、前北京大学教授张君谋博士、浙江法政学校教务长应时博士及其夫人张淑和女儿应慧德、曹谷冰、张季鸾等。斐司德夫妇、日本改造社代表稻垣君夫妇和大阪每日新闻社村田君也出席作陪。[103)]

在王一亭处，爱因斯坦夫妇先观赏了金石书画，然后入席。待所有来宾都就座后，于右任起立致辞：

> 鄙人今日得与日本改造社欢宴博士，谨敢代表中国青年，略述钦仰之意。博士实为现代人类之夸耀，不仅在科学界有伟大之贡献与发明。中国青年崇仰学术，故极崇仰博士。今所抱憾者，时间匆促，不能多尽东道之谊，尤不能多闻博士伟论。惟愿博士在日讲学既举，重为我国青年赐诲。[104)]

爱因斯坦在答词中说：

> 今日得观多数中国名画，极为愉快，尤佩服者是王一亭君个人作品。推之中国青年，敢信将来对于科学界，定有伟大贡献。此次匆遽东行，异日归来，极愿为中国青年贡献所见。[105)]

宴会于晚 9 点左右结束。次日（11 月 14 日）上午，爱因斯坦夫妇乘原船前往日本。[106)]

6.2 访华计划不幸取消

爱因斯坦离开上海前往日本之后，蔡元培本人则在北京忙着为一封致爱因斯坦的欢迎信收集签名，以表达中国知识界对他来访的诚意和重视。该信于 12 月 8 日即爱因斯坦离开上海 3 周后发出：

> 尊敬的爱因斯坦教授先生：
>
> 您在日本的旅行及工作正在此间受到极大的关注，整个中国正准备张开双臂欢迎您。
>
> 您无疑仍然记得我们通过驻柏林的中国公使与您达成的协议。我们正愉快地期待您履行此约。

---

103) 恩斯坦博士过沪之招待；王一亭年谱简表。见许承炜，王忠德编，王一亭书画集，上海：上海书画出版社，1988。这里所说的张君谋即张乃燕（1894—1958），苏州东吴大学毕业，曾留学英国伯明翰、瑞士日内瓦大学，获理学博士（见陈玉堂编著，中国近现代人物名号大辞典，全编增订本，杭州：浙江古籍出版社，2005，580）。戴念祖先生在其开山之作“爱因斯坦在中国”一文中曾误将张君谋当作张君劢（戴念祖，爱因斯坦在中国，397，398）。

104) 恩斯坦博士过沪之招待。

105) 同上。

106) 同上。

> 如能惠告您抵华之日期，我们将非常高兴。我们将做好［一切］必需的安排，以尽可能减轻您此次访华之旅的辛劳。[107]

不幸的是，这封如今看来极其重要的信，迟至 12 月 22 日才送达爱因斯坦手中，以致已无法实现其作者原来的意愿。令蔡元培和爱因斯坦自己都大失所望的是，此时爱因斯坦已经取消了他的北京之行。在收到该信的当天，爱因斯坦心情沉重地函复蔡元培：

> 校长先生：
>
> 虽然极愿意且有从前郑重的约言而我现在不能到中国来，这于我是一种重大的苦痛。我到日本以后，等了五个星期，不曾得到北京方面的消息。那时我推想，恐怕北京大学不打算践约了。因此我想也不便向尊处奉询。还有，上海斐司德博士 Dr. Pfister——像是受先生的全权委托——曾向我提出与我们从前的约定相抵触的留华的请求，我也因此不得不揣测先生不坚决履行前约。
>
> 因此种种关系，我将预备访视中国的时间也移在日本了，并且我的一切的旅行计划也都依着"中止赴华"这个前提而规定。
>
> 今日接到尊函，我才知道是一种误解；但是我现在已经不能追改我的旅程。我今希望先生鉴谅，因为先生能够想见，倘使我现在能到北京，我的兴趣将如何之大。如今我切实希望，这种因误解而发生的延误，将来再有弥补的机会。
>
> 安斯坦[108]

此信的中译文于 1923 年 1 月 4 日首先发表于《北京大学日刊》，并附有蔡元培校长的跋。访问出人意料地取消，使蔡元培既失望又困惑，不过他仍试图安慰和鼓励他的同事和学生们：

> 读右函颇多不可解的地方：安斯坦博士定于今年初来华，早经彼与驻德使馆约定；本没有特别加约的必要。我们合各种学术团体致函欢迎，是表示郑重的意思；一方面候各团体电复，发出稍迟；一方面到日本后因他的行踪无定，寄到稍迟；我们哪里会想到他还在日本候我们北京的消息，才定行止呢？函中说斐司德博士像是受我的全权委托，曾提出什么留华的请求云云，这是我

---

[107] 高平叔，蔡元培论科学与技术，74, Cai Yuanpei to Einstein, December 8, 1922, AEP, 36–490。原信为德文，英文为本书作者所译。

[108] Einstein to Cai Yuanpei, December 22, 1922, AEP, 36–491. 此信中译文见安斯坦博士告不来北京之函，北京大学日刊，1923 年 1 月 4 日。译文也见于高平叔，蔡元培论科学与技术，74–75。

并没有知道的事，读了很觉得诧异。但这都是已往的事，现在也不必去管他了。我们已有相对学说讲演会、研究会等组织，但愿一两年内，我国学者对于此种重要学说，竟有多少贡献，可以引起世界著名学者的注意：我们有一部分的人，能知道这种学者的光临，比怎么鼎鼎大名的政治家、军事家重要的几十百倍，也肯用一个月费二千镑以上的代价去欢迎他；我想安斯坦博士也未见得不肯专诚来我们国内一次。我们不必懊丧，还是大家互相勉励罢！

十二年一月三日　蔡元培[109)]

爱因斯坦从日本返回时，于 12 月 31 日下午再次抵达上海，1923 年 1 月 2 日离沪前往耶路撒冷。尽管行色匆匆，爱因斯坦仍于元旦傍晚到租界工部局大讲堂参加了一次相对论的讨论会，在会上回答了听众的各种问题。该集会由上海犹太青年会和当地西方人的学术研究会共同组织。爱因斯坦用德文讲解，由租界工部局的一名英国工程师德琼（R. de Jonge）将其译成英文。爱因斯坦在日记中，将该集会称为"一场充满愚蠢问题的滑稽戏"。据称，在三四百名听众中，只有四五个中国人。其中一位是张君谋博士，他曾出席 11 月在画家王一亭家举办的欢迎爱因斯坦的宴会。张在元旦的集会上问爱因斯坦对英国物理学家洛奇（O. J. Lodge）的灵学研究有何看法。爱因斯坦用法语回答说，"此事不可当真（ce n'est pas sérieux）。"[110)]

爱因斯坦访华计划的取消，无疑使他的中国东道主们大失所望。上海《民国日报》哀叹道"吾国人于恩氏，反失之交臂，殊可惜也。"该报道认为，中国公众忽视科学，是造成爱因斯坦取消赴华讲学计划的原因之一：

吾国人喜听演讲哲学，故于杜威罗素相继东来，无不竭诚倾听。乃对于恩氏所讲科学大革命之新原理，则视若漠然。实则研究哲学，非有科学根底，不能窥其门径。[111)]

对爱因斯坦本人来说，取消访华也是一个痛苦的决定。在接到蔡元培的欢迎信之前 5 天（12 月 17 日），他曾函复北大教授夏元瑮。在告知不能赴京讲学后，爱因斯坦写道，"北京如此之近，而予之夙愿，终不得偿，其怅怅之

[109)] 安斯坦博士告不来北京之函，北京大学日刊，1923 年 1 月 4 日，第二版。

[110)] 爱因斯坦旅行日记，1922 年 12 月 31 日，1923 年 1 月 1 日。AEP, 29–131; 恩斯坦博士二次过沪记。民国日报，1923 年 1 月 3 日，第 3 张第 11 版; "Prof. Einstein Is Guest At Reception Held Here; Speaks On 'Relativity'". The China Press (大陆报), Shanghai, 3 January 1923。

[111)] 恩斯坦博士二次过沪记，民国日报，1923 年 1 月 3 日，第 3 张第 11 版。由于罗素也是一位著名科学家，此文称中国公众欢迎罗素却忽视科学，表面上自相矛盾，其实却反映了当时中国社会中一种颇耐人寻味的现象。该报道的主张正是罗素在华讲学的主旨之一。

情，君当可想象也”。[112] 当他在从日本前往耶路撒冷的途中再次经过上海时，又对前来采访的报社记者表示，“惟既来上海，未赴 …… 内地观光，实为最大之遗憾”。[113]

显而易见，爱因斯坦确实十分渴望来到中国，以“目睹东亚文明的发源地”。为了访华，他谢绝了好几份来自美国且报酬更高的邀请，有的甚至已预付酬金。[114] 爱因斯坦的中国东道主——北京大学和其他机构，也殷切地盼望着他的到来。那么，爱因斯坦到底为何突然取消了访问北京的计划呢？

《民国日报》报道其中有两种原因。第一，爱因斯坦将前往耶路撒冷，担任新成立的希伯来大学的校长。第二，在爱因斯坦访日期间，日本人盛传，北京大学由于经济困难而无法负担爱因斯坦访华的费用。[115] 至于前一种原因，迄今并没有证据显示，曾有人邀请爱因斯坦担任希伯来大学的校长一职；但他在 12 月 17 日给夏元瑮的信中确实写道，“现以要事，急需西归”，而且在离开上海后，爱因斯坦便直赴巴勒斯坦。关于第二种原因，北大当时的财政困难，由于校方曾通电全国，以及各种有关的新闻报道，确是众所周知的事实（后面还有详述）；爱因斯坦在日本时，出于关心，自然也会留意有关北大的消息，而他所听到的种种负面的消息，只能增加他的疑虑，并进而影响他访华与否的决定。

戴念祖先生提出了第三种可能的原因：爱因斯坦急于回德国，可能是因为在访日期间“又有了新的物理见解”。其证据是，爱因斯坦于当年 3 月，曾在《普鲁士科学院（会议）报告》上发表了一篇论文，该文作于他在归途中所乘坐的日本邮轮“榛名丸”上。然而，这 ·说法不太可能成立。在乘邮轮漂洋过海的漫长旅途中，爱因斯坦利用这段相对平静的时间，思考他的物理问题并撰写成文，是很自然的事。况且该文发表于 3 月 12 日，而此时爱因斯坦还在西班牙访问。可见发表论文并非什么他必须要赶回德国才能办理的事情。更重要的是，爱因斯坦也并未直接回德国，而是按照原计划在巴勒斯坦和西班牙各逗留了两周，才回到柏林。[116]

---

[112] 安斯坦致夏浮筠书，北京大学日刊，1922 年 12 月 26 日。原信未见于爱因斯坦档案中。

[113] 恩斯坦博士到沪后之谈话，民国日报，1922 年 12 月 31 日，第 3 张第 11 版。

[114] Einstein to Zhu Jia-hua, March 25, 1922, AEP, 36–481. Einstein to the Chinese Legation in Berlin, May 3, 1922, AEP, 36–484.

[115] 恩斯坦博士到沪后之谈话，民国日报，1922 年 12 月 31 日，第 3 张第 11 版。

[116] 戴念祖，爱因斯坦在中国，401–402; A. Einstein, “Zur allgemeinen Relativitätstheorie,” Sitzungsberichte der Preussischen Akademie der Wissenschaften, no. V. (12 März 1923): 38。关于爱因斯坦在巴勒斯坦和西班牙的旅行，可参见 Albrecht Fölsing, Albert Einstein: A Biography, trans. Ewald Osers (New York: Viking, 1997), 529–532。爱因斯坦在西班牙的旅行日记，见 Thomas F. Glick, Einstein in Spain: Relativity and the Recovery of Science (Princeton, New Jersey: Princeton University Press, 1988), 325–326。

第四种，也是最主要的一种原因，是爱因斯坦在 12 月 22 日致蔡元培的道歉信中所说的情况。爱因斯坦在信中将他访华计划的取消归咎于双方的误解，而这一误解是因他与北大之间缺乏沟通以及斐司德博士的不合理要求所造成的。没有理由怀疑爱因斯坦的解释，而且事实上我已找到了支持这一解释的证据。

自从 7 月份北大与爱因斯坦达成访华的协议后，该校似乎就从未与爱因斯坦建立起一种直接和及时的通信联系。爱因斯坦 11 月抵达上海时，北大也没有派代表去欢迎他。(当时在上海招待爱因斯坦的活动，似乎完全是由日本人组织操办的。虽然王一亭和于右任等参加了宴请活动，但未见任何中国的机构和社团参与招待工作。) 所有这些都发生在一个特定的时期，此时的中央政府和这所国立大学正在经历一场深刻的危机。由于新闻界的广泛报道，这些情况必定会引起那些由中国政府正式邀请和资助的来访人士的关注和担心。在爱因斯坦档案中发现的新证据表明，北洋政府的内部危机的确已使这位物理学家感到担心。然而，北大似乎并没有人与爱因斯坦主动联系，向他通报接待工作的准备情况，并保证报道中的种种困难不会影响他的访华计划。双方的长期缺乏沟通，显然使担忧衍变成了误解，并最终导致了爱因斯坦取消计划中的北京之行。

爱因斯坦在 1922 年 7 月就已经函复中国驻德使馆，表示同意去北京。然而到了 8 月底，他却开始怀疑是否能够成行。在 8 月 28 日给斐司德的信中，他写道：

> 我可能将在中国做几场讲演。迄今我已收到了北京大学的邀请。但鉴于**中国国内普遍存在的重大困难**，我仍不知道自己到底是否能够履约。[117)]

那么，什么是爱因斯坦所说的“普遍存在的重大困难”呢？1922 年的中国，由于军阀割据，全国大部分地区都处于大大小小各派军阀的控制之下，就连中央政府所在的北京也不例外。当年 4 月底，当时最强大的两股军阀势力——直系和奉系在京津一带爆发大规模冲突，是为第一次直奉战争。此后的北洋政府亦变得极不稳定。在 1922 年 6 月 11 日至 1923 年 1 月 4 日的短短 6 个多月内，内阁就更换了 5 次。[118)] 本来就已连年处于困境中的中央财政，到了 1922 年下半年变得更糟。军阀割据，致使中央政府丧失了对地方政府的控制，因而也就不能有效地向地方征税。缺少国内税收的北洋政府，被迫开始向外国列强借贷，但大部分借款又作为军费，流向了政府所依赖的各种派系的军阀，以换取他们的支持。

[117)]Einstein to Dr. M. Pfister, August 28, 1922, AEP, 36–496。引文中的黑体为表强调而用。

[118)]Andrew J. Nathan, Beijing Politics, 1918–1923: Factionalism and the Failure of Constitutionalism (Berkeley/LosAngeles/London: University of California Press, 1976), xvi.

在这种情况下，公立教育机构陷入严重的财政困难也就不足为奇了。国立北京大学在 1922 年秋的情况正是如此。8 月 17 日，即爱因斯坦致信斐司德之前 11 天，蔡元培与北京其他 7 所国立大学和高等学校的校长，以及这 8 所国立学校[119] 的教师代表，前往北洋政府负责拨付教育经费的交通部，向该部总长索取已经拖欠 5 个多月的工资及其他积欠的经费。然而，“自朝至暮，毫无结果，蔡元培等八校校长因即呈请辞职，并通电全国各界”。5 天之后，北洋政府总统黎元洪会见了八校代表，许诺“今后经费按月拨发，所有积欠全部补发”，并劝各校代表“勿走极端”。但代表们对此并不满意，蔡元培等八校校长，于当天再上辞呈。当时的紧张局面未能很快好转，实际上，这 8 所学校的财政危机一直持续到 1922 年 10 月。结果，校长们为表示抗议，在 1 个月内 6 次请辞！[120]

爱因斯坦在前往东亚之前，可能就已听说了这些困难。北京方面长期动荡的局势，一定使爱因斯坦开始怀疑蔡元培践约的能力。为此，爱因斯坦希望在动身前往北京讲学之前，能再次得到北大的某种保证，或由该校对以前的约定重新予以确认，这种心情和想法都是很自然的。恐怕这也就是为什么爱因斯坦在日本一直在等候来自“北京方面的消息”的原因。不幸的是，蔡元培和他的同事们显然并未意识到，北京的危机可能影响爱因斯坦对原定访华计划的想法，因而认为“没有特别加约的必要”，当然也就不会感到有与爱因斯坦联系并尽早发出那封欢迎信的迫切性。另一方面，爱因斯坦又认为向蔡元培直接询问是不妥当的。当他访日 5 周（原计划是 4 周）之后仍未从北京方面得到任何消息时，他的怀疑就变成了误解。最终，他取消了北京之行，而延长了访日的时间。当蔡元培的欢迎信终于送到爱因斯坦手中时，已为时太晚，爱因斯坦已不可能重新安排访华而又不影响他原定于 1923 年初访问耶路撒冷和西班牙的日程，而这些日程大概是不能或不宜更改的。

正如爱因斯坦在给蔡元培的信中所说的，还有一个因素无疑加深了爱因斯坦的误解，这就是前面提到的斐司德向爱因斯坦提出的特殊要求。在听说爱因斯坦即将访问日本之后，时任上海同济医工学校讲师的斐司德，于 1922 年 7 月 1 日致函爱因斯坦。斐司德在信中请爱因斯坦在上海等候赴日班船时作一次演讲，他还强调，“您用英语（演讲）的确是必要的，因为在中国几乎没有 [德语] 译员能够迅速而准确地翻译这种深奥的演讲内容”。然而，由于爱因斯坦自称的“外语恐惧症”，这项用英语演讲的要求显然使爱因斯坦

---

[119] 当时北京的这 8 所国立学校是：北京大学、高等师范学校、女子高等师范学校、法政专科学校、农业专科学校、工业专科学校、医科专科学校和艺术专科学校。参见李书华，七年北大，传记文学，1965 年 2 月，6(2): 17。

[120] 韩信夫，姜克夫编，中华民国大事记，1，北京：中国文史出版社，1996。913, 919, 922, 925；蔡元培，蔡元培文集：教育（中）。见高平叔等编，蔡元培文集，第 3 卷，台北：锦绣出版，1995，248–254, 260–262, 267–269。

感到困扰。[121] 在回信中，他对斐司德说得很干脆和明白："我不能用英语演讲!" [122] 在 20 世纪 20 年代，爱因斯坦似乎一直特别在意他演讲时所用的语言。1920 年，当西班牙人邀请他去访问时，演讲所用的语言就是谈判中的一个核心问题。在谈判时，爱因斯坦强调，"德语是我可以使人理解我的理论的唯一一种语言"。[123] 正是由于爱因斯坦一贯坚持必须用德语讲学，他自然会把斐司德的要求看作他访华的一大障碍；又因为爱因斯坦误以为斐司德是代表蔡元培提出上述的要求，因此斐司德的来信无疑进一步加深了他对蔡元培及其以前承诺的怀疑。

总之，爱因斯坦 1923 年访华未成，确实是由于误解所致，而这一误解又是由多种直接与间接的原因所造成的，但最根本的一个原因，则是军阀混战在中国造成的阻碍科技文化发展的大环境。值得指出的是，虽然此次访华计划取消了，但爱因斯坦渴望访华的心愿并未改变。从他致蔡元培的信中，我们可以看出，对爱因斯坦来说，此次变故仅仅是"延误"了其访华夙愿的实现。他还是"切实希望""将来再有弥补的机会"。但是，20 世纪 30 年代的日寇侵华战争、20 世纪 40 年代的太平洋战争以及其他原因，最终使他再未能踏上中国的国土，那 20 世纪 20 年代的"延误"终于成为爱因斯坦和中国人永远的遗憾。

6.3 爱因斯坦访华计划的影响

尽管爱因斯坦承诺的访华计划不幸取消了，但它在中国激起了另一波相对论热潮，并且大大加快了相对论在中国的传播。如图 3 所示，由于准备迎接爱因斯坦的访问，中国出版的关于爱因斯坦和相对论的书籍或文章的数量，在 1922 年 12 月间骤增。

有关准备工作还引发了许多有关相对论的公开演讲。例如，1922 年 11 月底至 12 月中旬，7 位受人尊敬的中国学者就在北京大学做了一系列公开演讲（见表 2）。这些学者包括 4 名物理学家、1 名天文学家、1 名数学家和 1

[121] Pfister to Einstein, July 1, 1922, AEP, 36–493. 关于"外语恐惧症"，见 Thomas F. Glick, Einstein in Spain: Relativity and the Recovery of Science (Princeton, N.J.: Princeton University Press, 1988), 100。在这里，有必要对有关信件的日期作一些分析和解释。斐司德的来信作于 7 月 1 日，是在爱因斯坦收到蔡元培的回信并答应访华之前（7 月 24 日）。我们不知道他收到斐司德来信的确切日期，但一般从上海到德国的邮轮，单程需走两个月左右；再根据爱因斯坦的回信日期（8 月 28 日），我们可以推知，爱因斯坦是在 8 月下旬收到了一封斐司德的来信（假设爱因斯坦收信后不久就回信），这可能是 7 月 1 日的来信，也可能是后来又发的一封，但未被爱因斯坦档案收入。不管怎样，斐司德在信中提出了用英语演讲的要求。由于这项"与从前的约定相抵触"的要求，是在爱因斯坦允诺访问北京——即爱因斯坦与蔡元培之间的最后一次沟通——约一个月以后才收到的，该信完全有可能造成爱因斯坦的误解。

[122] Einstein to Pfister, August 28, 1922, AEP, 36–496.

[123] Glick, Einstein in Spain, 101.

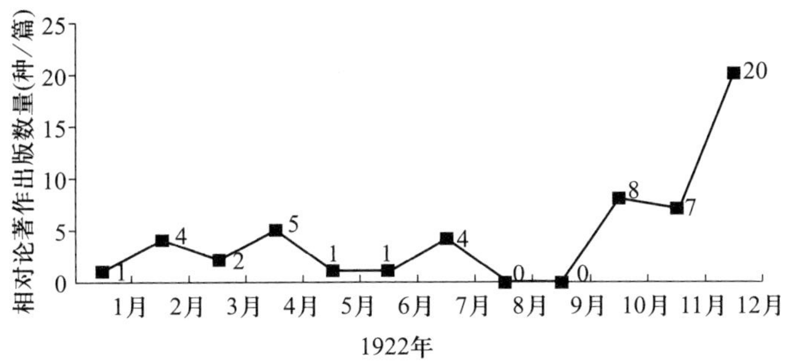

图 3　1922 年有关爱因斯坦及其理论的文献数量（爱因斯坦即将访问北京大学的消息于 1922 年 11 月中旬公布）

名哲学家。演讲的主题涉及经典力学、狭义和广义相对论、爱因斯坦之生平、非欧几何，以及相对论的哲学意义等。尽管爱因斯坦本人不在中国，但北京和许多其他城市的人们还是感觉到了他的巨大影响力。这确实是一种“超距作用”。[124)]

表 2　1922 年北京大学举办的关于相对论的公开演讲

题目	演讲人[a]	日期	时间	地点
（一）爱斯坦以前之力学	丁巽甫	十一月二十四日	下午八时	北京大学第二院大讲堂
（二）相对各论	何吟苢	十一月二十五日	下午八时	同
（三）旧观念之时间及空间	高叔钦	十一月二十九日	下午八时	同
（四）爱斯坦之生平及其学说	夏浮筠	十二月二日	下午八时	同
（五）非欧几里特的几何	王士枢	十二月六日	下午八时	同
（六）相对通论	文范树	十二月九日	下午八时	同
（七）相对论与哲学	张竞生	十二月十三日	下午八时	同

来源：爱斯坦学说公开演讲。北京大学日刊，1922 年 11 月 20 日。

a. 丁巽甫又名丁西林（1893—1974），留英物理学家；何吟苢又名何育杰（1882—1939），留英物理学家；高叔钦又名高鲁（1877—1947），留学比利时，是工程师出身的天文学家；夏浮筠又名夏元瑮（1884—1944），留美、留德物理学家；文范村又名文元模（1890—1946），留日物理学家；张竞生（1888—1970），留法哲学家。

7. 日本的学术影响

本文对相对论传入中国的历史调查，进一步证实了日本作为东亚的西方学术转运中心的重要地位。20 世纪初，现代物理学传入中国的渠道主要有二：一是在日本受教育的中国学者，二是汉译日文著作。在有关相对论的日文译著中，最杰出的是日本物理学家石原纯的作品。

---

124)这是 Martin J. Klein 教授在与作者的一次谈话中所作的评论。

7.1 留学日本的中国学者

如前所述，留学日本的中国学者许崇清和李芳柏率先将相对论引进中国，他们两人都在日本接受了高等教育。其他留学日本的物理学家或科学教育工作者包括周昌寿（1888—1950）、郑贞文（1891—1969）、文元模（1890—1946）和张贻惠（1886—1946）等。此 4 人对相对论传入中国皆有贡献，但前两者的贡献尤为卓著。

周昌寿生于贵州麻江的一个仕宦之家，其祖、父、兄皆中举。祖父曾任内阁中书和知府等职，父亲曾为知县。长兄周恭寿（1876—1950）于 1901 年与父亲同科中举，后执教于贵州大学堂。1905 年，周恭寿率 8 名学生“赴日留学和考察教务”。一年后他返回贵州，受命负责省内教育事务。周恭寿生活俭朴，但将很大一部分收入拿出来支持弟弟周昌寿在日本留学。[125)]

在长兄资助下，周昌寿于 1906 年前往日本求学。起初他在东京第一高等学校学习，1915 年考入东京帝国大学主修实验物理，[126)] 大学毕业后又继续在该校研究院深造。因其成绩优异，校方曾挽留他在日本工作。但周昌寿仍于 1919 年回到了中国，前后共在日本留学 13 年。[127)]

在日本期间，周昌寿参与创建了丙辰学社，即后来的中华学艺社。如前所述，学艺社是由中国留日学生创立的学术团体。周昌寿担任学艺社干事和该社社刊《学艺》杂志编辑长达 20 年之久。第一位介绍相对论的中国人许崇清也是学艺社创建者之一，而他 1917 年的那篇文章就发表在《学艺》杂志上。

回国后，周昌寿成为商务印书馆的著名编辑和著作等身的翻译家。在 1949 年以前，他编纂了至少 5 套中学物理教科书，并翻译了密立根（R. A. Millikan）和盖尔（H. G. Gale）的《实用物理学》（*Practical Physics*）、[128)] 石原纯的《物理学概论》（*General Physics*）和田丸卓郎（Tamaru Takuro）的《物理学精义》（*Essential Physics*）等书，用作大学教材。[129)]

周昌寿对量子论、相对论、放射性和原子结构理论的引进做出了杰出的贡献。1920—1930 年，周昌寿至少发表了 18 篇文章，出版了两本书，介绍量子论和相对论。在这 18 篇文章中，有 12 篇主要介绍相对论；两本书的主

---

125) 贵州省麻江县志编纂委员会编，麻江县志，贵阳: 贵州人民出版社，1992, 845–847。周恭寿从日本返回的时间引自张宁的《周恭寿生平事略》（中国人民政治协商会议贵州省委员会文史资料委员会编，贵州文史资料选辑第二十九辑，贵州近现代人物资料丛书之一，贵州省文史书店发行，165）。

126) 笔者根据《东京帝国大学一览》的有关材料，推断周昌寿于 1915 年被东京帝国大学录取。参见东京帝国大学一览（大正 4–5 年度），57。笔者感谢东京工业大学的杨舰博士提供了该书有关章节的复印件。

127) 麻江县志，849–850。

128) 中文版第一版发表于 1935 年 8 月，第二版发表于 1947 年 4 月。

129) 见商务印书馆编，商务印书馆图书目录（1897—1949），北京：商务印书馆，1981。

题都是相对论。

郑贞文[130] 是福建省长乐县人，生于书香世家。他 3 岁丧父，此后受其母严格教导，读书应举。1903 年 12 岁时应童子试，中秀才。然而两年后，科举制度废除，西式的学校体系开始建立。尽管世事大变，其母仍坚持要他继续读书，决心使其成才。她先送贞文入新式学堂，然后又于 1906 年托一位亲戚将他带往日本求学。郑贞文初到日本时，年方 15 岁，完全不通日语。他先在语言学校里学习日语和英语，随后进入东京第一高等学校预科和仙台第二高等学校本科。1915 年，他考取东北帝国大学，在那里主要师从片山正夫（Katayama Masao）先生，学习物理化学，但很可能也曾修习相对论专家石原纯的课程。1918 年，郑贞文从东北帝国大学毕业，获学士学位。

1918 年秋，郑贞文回国，应商务印书馆编译所所长张元济之邀，成为商务的科学编辑，次年出任理化部主任。在任职商务印书馆的 13 年间，[131] 郑贞文共翻译、编辑了几十本化学和物理书籍。尽管他的主要贡献在于介绍现代化学，但 20 世纪 20 年代他也撰写了 6 篇与相对论有关的文章，并与他人合译了一本相对论书籍。

郑贞文还于 1922 年发表了一个科学短剧，向中国的一般读者介绍相对论。剧本发表于当年 12 月份出版的《东方杂志》“爱因斯坦号”上，这是该杂志为迎接爱因斯坦访华所出的专号。该剧名为《爱之光》，剧中有 4 个人物：理学博士、泰漠（time 的音译）先生、石佩姒（space 的音译）女士和光神。其大致剧情是：理学博士专注于研究物理学中的时间（time）和空间（space）。他一向认为，时间和空间就像他书斋中的两座石膏塑像泰漠先生和石佩姒女士，他们是“绝对的独身主义者”，彼此独立、“绝对没有关系”。然而，该博士又苦于无法找到“牛顿所说的绝对空间和绝对时间”。一日，博士在他的书斋中“伏案凝思”，在朦朦胧胧的幻境之中，他得到了光神所赐予的重要启示。最终，博士所戴的“着色眼镜”被打碎，自牛顿出版《原理》以来一直蒙在泰漠和石佩姒头上的“衣纱”被烧掉，在光神的帮助下，博士终于领悟出泰漠先生与石佩姒女士（即时间与空间）之间的联系，以及光神的特殊角色。正如光神在该剧的结尾对博士所说：“你要晓得他们的关系吗？非问我不可，我便是他们的联锁；他们有不可离的关系，可是若还没有我，

[130] 关于郑贞文的生平可参见以下资料：王治浩，刘云娜，甘景镐，一代学人郑贞文，中国科技史料，1991, 12(3): 38–45；郑善，记郑贞文，见福建文史资料，福州：中国人民政治协商会议福建省委员会文史资料研究委员会，1986, 43–49；李乔萍，闽侯郑贞文先生传，见中国化学史，台北：台湾商务印书馆，1978, 784–791；谢振声，郑贞文先生与商务印书馆，见 1897—1992 商务印书馆九十五年，北京：商务印书馆，1992, 183–193。郑贞文曾称石原纯为“我师”，见石原纯，爱因斯坦和相对性原理，周昌寿，郑贞文译，上海：商务印书馆，1923，译者序，2。

[131] 1932 年商务印书馆因日军轰炸而严重受损后，郑贞文离开了商务。商务印书馆创办的公共图书馆——东方图书馆——是当时东亚最好的图书馆之一，也在此次浩劫中被彻底摧毁。

谁也不能认出他们；他们是神圣的恋爱者，我便是恋爱的神。”最后，旧的塑像被摔得粉碎，光神将石膏碎片收在一起，和水又制成两座新塑像，并对博士说“现在泰漠的体中，有了石佩姒；石佩姒的体中有了泰漠了！”[132]

在剧中，郑贞文还借石佩姒的口说道：“我［空间］恰和极大的球一样，可以说是有限的，然而却是没有边际。”以此向公众介绍了新兴的有限无边的相对论性宇宙模型。[133] 总之，郑贞文的短剧以一种富有创意而又生动活泼的方式，为普及相对论、宣传新的时空观做出了贡献。

7.2 石原纯及其著作

20 世纪早期，日本的科学出版物不仅在中国教科书市场占主导地位，而且也在中国的学术出版物中占了很大的份额。在 20 世纪的头 10 年间，中国的物理教材大约有一半是根据日文著作翻译或编译的。[134] 许多介绍相对论的早期文章也都有其日本渊源——要么译自日文，要么由留日的中国学者编撰而成。1917—1923 年，中国有关相对论的出版物中，有 40%（135 种中的 54 种）的作品直接译自外文文献，其中超过 1/3（54 种中的 19 种）译自日文。令人惊叹的是，在这 19 种日文文献中，至少有 13 种出自同一人——石原纯——之手。

石原纯是第一位享有国际地位的日本理论物理学家，[135] 他于 1906 年在东京帝国大学获得理论物理学学士学位，1909 年 10 月发表了他的第一篇关于相对论的论文《运动以太中的光学》，这也是日本第一篇关于相对论的学术论文。1909—1911 年，他发表了许多与相对论有关的论文。他的工作早在 1910 年就受到爱因斯坦的称许。1911 年，石原纯受聘为东北帝国大学的助理科学教授。1912 年初，石原纯在德国的《放射性与电子学年刊》（*Jahrbuch der Radioaktivität und Elektronik*）上发表了一篇关于近期相对论研究的评述性论文，其中提供了一份可能是当时最齐全的相对论文献目录。[136] 1912 年夏，他前往德国慕尼黑跟索末菲（Arnold Sommerfeld，1868—1951）做研究，在那里与冯·劳厄（Max von Laue，1879—1960）建立了亲密的友谊。他还在柏林参加了普朗克的学术讨论会。1913 年夏，石原纯前往苏黎世，参加了爱因斯坦主持的讨论班，当时爱因斯坦正在研究广义相对论。在大战爆

[132] 心南，爱之光，东方杂志，1922 年 12 月 25 日，19(24): 129–131。

[133] 同上，130。

[134] 王冰，明清时期（1610—1910）物理学译著书目考，中国科技史料，1986, 7(5): 16–19。

[135] 有关石原纯生平的叙述，如无特别声明，均引自以下资料: Seiya Abiko (安孙子诚也), “Einstein's Kyoto Address: ‘How I Created the Theory of Relativity’,” HSPS 31, part 1 (2000): 6–7；西川哲治等编，物理学辞典，修订本，东京：培风馆，1992, 75; Tetu Hirosige, “Jun Ishiwara,” in DSB, 7: 26–27。关于石原纯在 1912 年以前发表的相对论研究论文的目录，参见 Jun Ishiwara, “Bericht ueber die Relativitaetstheorie,” 560–569。

[136] Jahrbuch der Radioaktivität und Elektronik 9 (1912).

发之前，石原纯回到日本，并升任为东北帝国大学的正教授。

石原纯的研究工作包括金属电子论、狭义和广义相对论以及量子理论。在相对论物理学方面，他发表的论文涉及运动物体内光的传播、空腔辐射、电子的动力学、电磁场的能量–动量张量。根据最小作用量原理，石原纯于 1913 年绘出了能量–动量张量，闵可夫斯基也曾完成了同样的工作。石原纯“试图在相对论范围内修正光速不变的概念，认为一种可变的时间标度——这使得积 cdt 保持不变——能得到等价的结果”。根据这一观点，石原纯建立了自己的引力理论，并通过 1913—1915 年的研究证明，诺德斯特姆（Gunnar Nordstrom）、亚伯拉罕和爱因斯坦各自的引力理论都可以从他的理论推导出来。石原纯后来还试图发展一种 5 维理论，将引力和电磁场统一起来。由于他在相对论和量子论研究方面的成就，石原纯于 1919 年获得了日本帝国学士院（即科学院）的嘉奖。[137]

石原纯的物理研究生涯于 1921 年 8 月过早地结束了，由于一场婚外恋，他被迫从大学辞职。但很快他又成为一位科普作家、编辑和出版人。他不仅编纂了一套 4 卷本的日译《爱因斯坦全集》（1922—1924），还撰写了许多科普书籍和文章，介绍和解释物理学方面的最新进展。[138] 石原纯是日本主要科学期刊《科学》的创始人。1922 年底爱因斯坦访日期间，石原纯作为翻译全程陪同。[139] 1922 年 12 月 14 日，爱因斯坦在京都大学发表题为《我是怎样创立相对论的》（*How I Created the Theory of Relativity*）的演讲时，就是由石原纯担任翻译并作了详细的记录。这些记录现在非常有名，是研究爱因斯坦相对论起源的重要历史文献。它不断地翻译成各种文字，并经常被历史学家和哲学家参考引用。该记录于 1979 年第一次翻译成英文，距爱因斯坦访日的时间已有 57 年。而该记录的中译文于 1923 年 2 月 23 日就已问世，此时其日文原文刚发表了 3 个星期。石原纯的笔记于 1923 年 2 月 1 日首次发表于日本《改造》杂志上；9 天之后，夏元瑮应清华学校的清华科学社之邀，作题为《相对论及其发见之历史》的报告，在报告的后半部分，夏元瑮几乎全文转述了爱因斯坦的京都演讲。由此可见，这篇关于相对论发展历史的重要文献，早在大多数西方人得知的半个多世纪以前，就已及时地介绍给中国读者了。[140]

---

137) Hirosige, “Jun Ishiwara,” 26–27.

138) 同上，26。

139) 石原纯作为《科学》的创建者，见西川哲治，物理学辞典，75。

140) 夏元瑮，相对论及其发见之历史，晨报副刊，1923 年 2 月 23 日，第 1 版。夏元瑮的转述看上去仅与石原纯笔记的英译文略有出入。夏元瑮并未说明其消息的来源。由于爱因斯坦 14 日演讲时夏元瑮并不在场（前面提到，爱因斯坦 12 月 17 日还给在北京的夏元瑮写过信），夏元瑮最可能的消息来源，就是在其清华演讲前 9 天出版的日本《改造》杂志所刊登的石原纯笔记，有关爱因斯坦京都演讲的最新研究见 Abiko's “Einstein's Kyoto Address,” 1–35. Seiya Abiko 对演讲内容英译文的讨论在第 2–3 页。

石原纯在理论物理学方面丰富的研究经验，及其跟随爱因斯坦和其他顶尖的德国物理学家学习和工作的亲身经历，是他作为一个爱因斯坦和相对论评论家所具有的独特资历，自然也增加了他的著作的权威性。他的这种权威地位，甚至得到了爱因斯坦本人的认可。在 1922 年为石原纯翻译编辑的《爱因斯坦全集》第 2 卷（科学论文）所作的前言中，爱因斯坦曾写道，“他［石原纯］的名字就可保证译文的忠实性。”所有这些，都有助于石原纯——作为相对论的诠释者——在当时的中国知识界享有崇高的地位。例如，郑贞文就曾称石原纯是“日本学者中研究相对论的唯一专家”，而且“对于相对性原理别有一种见解，和耳食者流迥然不同”。[141] 石原纯的大量著作在中国迅速地翻译和发表，印证了他在中国的独特地位和影响。事实上，在中国的相对论早期传播过程中，石原纯可能是除了爱因斯坦以外最有影响的外国物理学家。[142]

在中国的相对论早期传播过程中，留学日本的中国科学家以及日本的早期相对论研究工作，都扮演了重要的、甚至是关键性的角色。但是，对于中国的相对论理论研究的发展，他们似乎没有做出多少直接的贡献。中国人在这方面的研究始于 20 世纪 20 年代末，而且主要是由留学欧美的理论工作者发展起来的。

（本文摘自《爱因斯坦在中国》（上海世纪出版集团，2006 年）第 2 章，此次发表前，作者对全文进行了修订，并根据编辑的建议更改了标题。作者衷心感谢邹颖在本文修订过程中所给予的全力支持和帮助。）

---

[141]石原纯，爱因斯坦和相对性原理，周昌寿，郑贞文译，上海：商务印书馆，1923, 译者序，2。

[142]在 20 世纪 20 年代，至少有 17 种石原纯的物理学著作（包括专著、科普文章和演讲）被译成中文，其中涉及相对论的有以下 15 种：石原纯，时间及空间的相对性，镜湖译，东方杂志，1921 年 5 月 25 日，18(10): 45–62；石原纯，相对论底法则绝对性，镜湖译，东方杂志，1921 年 6 月 25 日，18(12): 37–49；石原纯，相对性原理的真髓，老梅译意，学汇，49–52；石原纯，时间及空间底相对性，老梅译意，学汇，53–67；石原纯，相对性原理和哲学上的问题（《相对性原理》序论第一节），老梅译意，学汇，68–70；石原纯，相对性原理序论，老梅译意，学汇，71–72, 74–75；石原纯，相对性原理第一编，老梅译意，学汇，78–83；石原纯，爱因斯坦的宇宙论和思惟的究极，周昌寿译，学艺，1922 年 11 月 1 日，4(5): 1–14；石原纯，能媒万有引力和相对性原理，心南（郑贞文）编译，东方杂志，1922 年 12 月 25 日，19(24): 42–57；石原纯，普遍相对性原理和观测事实的比较，行馀译，东方杂志，1922 年 12 月 25 日，19(24): 91–94；石原纯，爱因斯坦和相对性原理，周昌寿，郑贞文译，上海：商务印书馆，1923 年 1 月；石原纯，爱因斯坦相对性原理述要，铃木梅林，康友步虚合译，晨报副刊，1923 年 4 月 11–16 日（连载）；石原纯记录，爱因斯坦在日本的讲演，关桐华译，晨报副刊，1923 年 4 月 21–27 日（连载）；石原纯，爱因斯坦之新学说，东方杂志，1929 年 4 月 10 日，26(7): 53–60；石原纯，现代物理学上之时空概念及实在之本质，黄友谋译，学艺，1936 年 2 月 15 日，15(1): 43–51。

科学素养丛书

(书号前缀为 978-7-04-0xxxxx-x)

序号	书号	书名	著译者
1	29584-9	数学与人文	丘成桐 等 主编, 姚恩瑜 副主编
2	29623-5	传奇数学家华罗庚	丘成桐 等 主编, 冯克勤 副主编
3	31490-8	陈省身与几何学的发展	丘成桐 等 主编, 王善平 副主编
4	32286-6	女性与数学	丘成桐 等 主编, 李文林 副主编
5	32285-9	数学与教育	丘成桐 等 主编, 张英伯 副主编
6	34534-6	数学无处不在	丘成桐 等 主编, 李方 副主编
7	34149-2	魅力数学	丘成桐 等 主编, 李文林 副主编
8	34304-5	数学与求学	丘成桐 等 主编, 张英伯 副主编
9	35151-4	回望数学	丘成桐 等 主编, 李方 副主编
10	38035-4	数学前沿	丘成桐 等 主编, 曲安京 副主编
11	38230-3	好的数学	丘成桐 等 主编, 曲安京 副主编
12	29484-2	百年数学	丘成桐 等 主编, 李文林 副主编
13	39130-5	数学与对称	丘成桐 等 主编, 王善平 副主编
14	41221-5	数学与科学	丘成桐 等 主编, 张顺燕 副主编
15	41222-2	与数学大师面对面	丘成桐 等 主编, 徐浩 副主编
16	42242-9	数学与生活	丘成桐 等 主编, 徐浩 副主编
17	42812-4	数学的艺术	丘成桐 等 主编, 李方 副主编
18	42831-5	数学的应用	丘成桐 等 主编, 姚恩瑜 副主编
19	45365-2	丘成桐的数学人生	丘成桐 等 主编, 徐浩 副主编
20	44996-9	数学的教与学	丘成桐 等 主编, 张英伯 副主编
21	46505-1	数学百草园	丘成桐 等 主编, 杨静 副主编
22	48737-4	数学竞赛和数学研究	丘成桐 等 主编, 熊斌 副主编
23	49517-1	数学群星璀璨	丘成桐 等 主编, 王善平 副主编
24	49744-1	改革开放前后的中外数学交流	丘成桐 等 主编, 李方 副主编
25	50461-3	百年广义相对论	丘成桐 等 主编, 刘润球 副主编
26	35167-5	Klein 数学讲座	F. 克莱因 著, 陈光还 译, 徐佩 校
27	35182-8	Littlewood 数学随笔集	J. E. 李特尔伍德 著, 李培廉 译
28	33995-6	直观几何 (上册)	D. 希尔伯特 等著, 王联芳 译, 江泽涵 校
29	33994-9	直观几何 (下册)	D. 希尔伯特 等著, 王联芳、齐民友译
30	36759-1	惠更斯与巴罗, 牛顿与胡克 —— 数学分析与突变理论的起步，从渐伸线到准晶体	B. И. 阿诺尔德 著, 李培廉 译
31	35175-0	生命 艺术 几何	M. 吉卡 著, 盛立人 译
32	37820-7	关于概率的哲学随笔	P. S. 拉普拉斯 著, 龚光鲁、钱敏平 译
33	39360-6	代数基本概念	I. R. 沙法列维奇 著，李福安 译
34	41675-6	圆与球	W. 布拉施克著，苏步青 译
35	43237-4	数学的世界 I	J. R. 纽曼 编，王善平 李璐 译
36	44640-1	数学的世界 II	J. R. 纽曼 编，李文林 等译
37	43699-0	数学的世界 III	J. R. 纽曼 编，王耀东 等译

续表

序号	书号	书名	著译者
38	45070-5	对称的观念在19世纪的演变: Klein 和 Lie	I. M. 亚格洛姆 著，赵振江 译
39	45494-9	泛函分析史	J. 迪厄多内 著，曲安京、李亚亚 等译
40	46746-8	Milnor眼中的数学和数学家	J. 米尔诺 著，赵学志、熊金城 译
41	50236-7	数学简史（第四版）	D. J. 斯特洛伊克 著，胡滨 译
42	47776-4	数学欣赏（论数与形）	H. 拉德马赫、O. 特普利茨 著，左平 译
43	31208-9	数学及其历史	John Stillwell 著, 袁向东、冯绪宁 译
44	44409-4	数学天书中的证明 (第五版)	Martin Aigner 等著, 冯荣权 等译
45	30530-2	解码者：数学探秘之旅	Jean F. Dars 等著, 李锋 译
46	29213-8	数论：从汉穆拉比到勒让德的历史导引	A. Weil 著, 胥鸣伟 译
47	28886-5	数学在 19 世纪的发展 (第一卷)	F. Kelin 著, 齐民友 译
48	32284-2	数学在 19 世纪的发展 (第二卷)	F. Kelin 著, 李培廉 译
49	17389-5	初等几何的著名问题	F. Kelin 著, 沈一兵 译
50	25382-5	著名几何问题及其解法：尺规作图的历史	B. Bold 著, 郑元禄 译
51	25383-2	趣味密码术与密写术	M. Gardner 著, 王善平 译
52	26230-8	莫斯科智力游戏：359 道数学趣味题	B. A. Kordemsky 著, 叶其孝 译
53	36893-2	数学之英文写作	汤涛、丁玖 著
54	35148-4	智者的困惑 —— 混沌分形漫谈	丁玖 著
55	47951-5	计数之乐	T. W. Körner 著，涂泓 译，冯承天 校译
56	47174-8	来自德国的数学盛宴	Ehrhard Behrends 等著，邱予嘉 译
57	48369-7	妙思统计（第四版）	Uri Bram 著，彭英之 译

网上购书： www.hepmall.com.cn, www.gdjycbs.tmall.com, academic.hep.com.cn, www.china-pub.com, www.amazon.cn, www.dangdang.com

其他订购办法：

各使用单位可向高等教育出版社电子商务部汇款订购。书款通过银行转账，支付成功后请将购买信息发邮件或传真，以便及时发货。购书免邮费，发票随书寄出（大批量订购图书，发票随后寄出）。

通过银行转账：

户　　名： 高等教育出版社有限公司
开 户 行： 交通银行北京马甸支行
银行账号： 110060437018010037603

单位地址： 北京西城区德外大街4号
电　　话： 010-58581118
传　　真： 010-58581113
电子邮箱： gjdzfwb@pub.hep.cn

图书在版编目（CIP）数据

百年广义相对论/ 丘成桐等主编. -- 北京: 高等教育出版社, 2018. 10
（《数学与人文》丛书；第二十五辑）
ISBN 978-7-04-050461-3

Ⅰ. ①百… Ⅱ. ①丘… Ⅲ. ①广义相对论-普及读物
Ⅳ. ①O412. 1-49

中国版本图书馆 CIP 数据核字（2018）第 203378 号

策划编辑　李华英
责任编辑　李华英　和　静
封面设计　王凌波
版式设计　于　婕
责任校对　窦丽娜
责任印制　韩　刚

出版发行　高等教育出版社
社　　址　北京市西城区德外大街 4 号
邮政编码　100120
购书热线　010-58581118
咨询电话　400-810-0598
网　　址　http://www.hep.edu.cn
　　　　　http://www.hep.com.cn
网上订购　http://www.hepmall.com.cn
　　　　　http://www.hepmall.com
　　　　　http://www.hepmall.cn
印　　刷　北京汇林印务有限公司
开　　本　787mm × 1092mm　1/16
印　　张　11.75
字　　数　210 千字
版　　次　2018 年 10 月第 1 版
印　　次　2018 年 10 月第 1 次印刷
定　　价　29.00 元

物 料 号　50461-00